设施园艺作物生产关键技术问答丛书

设施黄瓜
栽培与病虫害防治

SHESHI HUANGGUA ZAIPEI YU
BINGCHONGHAI FANGZHI BAIWEN BAIDA

王铁臣　李红岑　主编

中国农业出版社
北　京

图书在版编目（CIP）数据

设施黄瓜栽培与病虫害防治百问百答 / 王铁臣，李红岑主编．—北京：中国农业出版社，2020.11
（设施园艺作物生产关键技术问答丛书）
ISBN 978－7－109－27399－3

Ⅰ.①设…　Ⅱ.①王…②李…　Ⅲ.①黄瓜－蔬菜园艺－设施农业－问题解答②黄瓜－病虫害防治－问题解答　Ⅳ.①S642.2－44②S436.421－44

中国版本图书馆 CIP 数据核字（2020）第 188145 号

中国农业出版社出版
地址：北京市朝阳区麦子店街 18 号楼
邮编：100125
责任编辑：齐向丽　黄　宇
版式设计：王　晨　　责任校对：吴丽婷
印刷：中农印务有限公司
版次：2020 年 11 月第 1 版
印次：2020 年 11 月北京第 1 次印刷
发行：新华书店北京发行所
开本：850mm×1168mm　1/32
印张：5　　插页：4
字数：120 千字
定价：25.00 元

《设施黄瓜栽培与病虫害防治百问百答》
编 著 者 名 单

主　编　王铁臣　李红岑

副主编　徐　进　郭　芳　王　帅

编　者　（按姓氏音序排列）

郭　芳　何秉青　侯　爽　李红岑

李新旭　李云飞　王　帅　王铁臣

徐　进　赵　鹤

目 录
CONTENTS

视 频 目 录

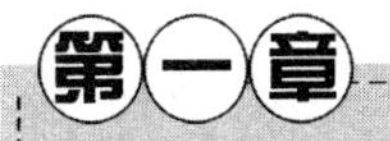

第一章 概　述

1. 黄瓜在蔬菜生产中地位如何？

中国栽培黄瓜始于2 000多年前的汉代，到6世纪三四十年代，在北方地区种植已较为普遍。北魏贾思勰所著《齐民要术》中著录胡瓜种植之法“胡瓜宜竖柴木，令引蔓缘之”。唐代诗人王建的《宫前早春》写到“酒幔高楼一百家，宫前杨柳寺前花。内园分得温汤水，二月中旬已进瓜”，说明到唐代时已能于冬春季节利用温泉水加温进行黄瓜栽培。中华人民共和国成立后，栽培技术不断改进，栽培方式多种多样。由于黄瓜具有产量高、效益好、营养丰富等特点，备受消费者与生产者青睐。我国各地普遍种植，已成为黄瓜的生产大国，栽培面积占世界栽培面积的60%。

2. 黄瓜有什么营养价值？

黄瓜是深受人们喜爱的重要蔬菜种类之一，以嫩果供食，它色泽翠绿、肉质鲜嫩、清脆爽口、营养丰富，每100克食用部分含水97克、蛋白质0.4～0.8克、碳水化合物1.6～2.4克、钙10～19毫克、磷16～58毫克、铁0.2～0.3毫克、维生素C 4～16毫克。另外，黄瓜籽富含维生素、脂肪酸、植物甾醇、挥发油、矿物质等多种人体必需的营养物质，具有补钙、抗癌、美容等功效，营养及药用价值极高。

3. 黄瓜具有哪些特殊功效？

黄瓜除具有较高的营养价值外，还具有许多药用价值和美容保健功能。据《本草求真》记载，黄瓜“性味甘寒，服此除热利水”，具有清热、除湿、利尿、滑肠、镇痛解毒等功效。现代医学研究发现，黄瓜除具有蛋白质、碳水化合物、多种矿质元素外，还含有大量的葫芦素，具有抗肿瘤的作用；含有黄瓜酶，能够促进机体的新陈代谢；所含有的丙醇二酸能抑制糖类物质转化为脂肪，可以阻止人体内脂肪堆积，有减肥的功效。

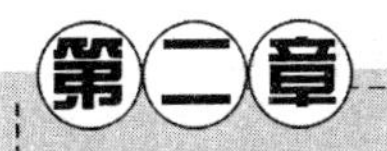

黄瓜的生长发育习性

4. 黄瓜根系有什么特点？

由于起源地雨量充沛且土壤肥沃、有机质丰富、通透性好，所以黄瓜的根系分布较浅，主要分布于表土以下 25 厘米内，10 厘米内更为密集，侧根横向伸展，主要集中于半径 30 厘米内。这就导致根系抗旱力、吸肥力较弱，要求在黄瓜高产栽培中充分注意黄瓜“喜水不耐涝、喜肥不耐肥”的特性，增施有机肥、深松土壤，为根系创造一个适宜的土壤环境。黄瓜根系木栓化比较早，断根后再生能力差，因此在育苗移栽过程中要注意根系的培养与保护，幼苗期不宜过长，采用穴盘、营养钵或育苗块等方式进行护根育苗，并在定植后的缓苗期、蹲苗期采用中耕松土、点水诱根等措施促进黄瓜根系的生长。为了进一步提高黄瓜根系对水肥的吸收利用能力和对土壤逆境（如低地温、土传病害、连作障碍等）的抵抗能力，可采取嫁接换根的农艺措施。

5. 黄瓜的茎和叶有哪些特性？

黄瓜的茎为攀缘性蔓生，不能直立生长，茎中空，叶片掌状，叶大而薄，茎叶被覆刚毛。黄瓜的茎叶随品种不同而有差异，同时生长环境、栽培技术对茎叶的影响也较大。若茎蔓细弱、刚毛不发达、叶片较小，很难获得高产；茎蔓过分粗壮、叶片过大，属于营养过旺，会影响生殖生长。一般茎粗 0.6～1.2 厘米、节间长 5～9 厘米、叶片面积 200～500 厘米^2 为宜，黄瓜之所以不抗旱，不仅由于根浅，而且和叶面积、蒸腾系数有密切关系。就一片叶而言，未展开时呼吸作用旺盛，合成酶的活性弱，叶绿体不完全而净同化率低。从叶展开起，净同化率逐渐增加，直至发展到叶面积最大的壮龄时，净同化率最高，而呼吸作用则最低，所以壮龄叶是光合作用的中心叶。老叶虽然也有一定功能，但其同化能力较弱，同时易感染病害，因此要及时疏除。一般高产田的叶面积总量为 2 500 米^2 左右，就单株来讲，要保持 15～17 片的功能叶片。

6. 黄瓜花有哪些特性？

黄瓜的花基本上为退化型腋生单性花，花序退化为花簇，属于雌雄同株异花，偶尔也出现两性花，即完全花。根据花的性型，黄瓜植株可以分为以下 8 种类型：

（1）**纯雌株**　植株上着生的全部是雌花。

（2）**强雌株**　植株上除雌花外还有少量雄花。

（3）**纯雄株**　植株上着生的全部是雄花。

（4）**雌雄同株**　植株上雄花和雌花都有。

（5）**纯全株**　植株上着生的全部是完全花。

（6）**雌全株**　植株上着生有雌花和完全花两种花。

（7）**雄全株**　植株上着生有雄花和完全花两种花。

（8）**雌雄全株**　植株上雌花、雄花和完全花三种花都有。

7. 黄瓜种子有哪些特性？

黄瓜种子扁平、长椭圆形、黄白色。黄瓜种子由种皮、外胚乳、内胚乳和子叶等组成。子叶内除充满糊粉粒外还有丰富的脂肪，在真叶形成以前，子叶贮藏和制造的养分是秧苗早期主要营养来源。子叶大小、形状、颜色与环境条件有直接关系。在发芽期可以用叶来诊断苗床的光照、温度、水分、空气、肥力等条件是否适宜。一般每个果实有种子100～300粒，种子千粒重25克左右。种子寿命因贮藏条件而不同，一般2～5年，生产上采用贮藏1～2年的种子。

8. 黄瓜的发芽期指的是哪个阶段？

黄瓜从播种后种子萌动到第1片真叶出现这段时期为发芽期。

种子发芽适温为25～30℃。条件适宜时，5～6天即可发芽出土。这个时期幼苗所需养分完全靠种子自身养分供给。此期管理的要点应注意晒种、浸种、催芽。播种后，温度要求前高后低，并要给予充分的光照，同时要及时分苗，这是培育壮苗的关键。出土前要求气温为30℃左右，地温保持在22～25℃之间，并保证充足的水分，促使早出苗、快出苗。出土后，白天温度为23～25℃，夜间12～13℃，防止下胚轴过高，形成徒长苗。健壮的幼苗要求下胚轴短粗，距地面为3～5厘米，子叶浓绿肥大，向上微翘，叶缘稍上卷呈匙形。若子叶呈反匙相，是夜间低温所致，若子叶呈明显正匙相，是夜温高而且持续时间长引起的，这样的植株容易徒长，管理上应该降低温度。

9. 黄瓜的幼苗期指的是哪个阶段？

黄瓜从第1片真叶出现到4～5叶（团棵）为幼苗期。条件适宜时，此期约30天。

幼苗期的长短随栽培季节的不同存在着差异，一般秋大棚栽培为20天左右，春大棚栽培为50天左右，越冬日光温室栽培为

30 天左右。这段时期是黄瓜育苗的关键阶段，大部分花芽都在幼苗期分化和发育，因此苗子的壮弱对黄瓜以后产量影响很大，特别是对黄瓜的前期产量影响更为显著，培育壮苗是黄瓜高产栽培的重要措施之一。本期营养生长与生殖生长同时并进，从生育诊断的角度来看，叶重/茎重比值要大，地上部重/地下部重比值要小，在温度与水肥管理方面应本着促控结合的原则来进行，要求白天温度在 25 ℃左右，夜温 13～15 ℃，高温季节育苗，注意降温。使日照时间保持在 8 小时左右，夏秋育苗注意遮阴，营养土中氮、磷、钾比例合理，注意不缺氮肥、多施磷肥、少施钾肥，水分的管理要保持见干见湿，以培育出健壮的幼苗：茎与叶柄之间的夹角约 45°，叶片展开呈水平状，先端稍尖，叶柄短，叶脉粗边缘缺刻较深；根系洁白，根毛发达，约有 40 条侧根；下胚轴长度为 5～6 厘米，直径 0.5 厘米以上；子叶完整，肥而厚，真叶肥厚，色绿而稍浓；株冠大而不尖，长势强而敦实。若幼苗上部叶片大、下部叶片小、节间长、植株呈倒三角形，是夜温过高、光照不足所致。

10. 黄瓜的抽蔓期指的是哪个阶段？

本期从真叶 4～5 片定植开始，经历第 1 雌花出现、开放，到第 1 果坐住为止，约需 25 天。

这时期发育特点主要是茎叶形成，其次是花芽继续分化，花数不断增加，根系进一步发展。在栽培上既要促使根系增强，又要扩大叶面积，确保花芽的数量和质量，并使之坐稳。这段时期生育诊断的标准是叶面积与茎重比相对要大，但叶的繁茂要适度。从植株上来看，卷须粗壮伸长，与主茎呈 45°夹角，雌花斜向下开放，花呈鲜黄色，可采收的瓜距生长点 1.4 米左右，开放的雌花距顶端 45～50 厘米，节间平均长度在 10 厘米以内。

11. 黄瓜的结瓜期指的是哪个阶段？

本期由第1果坐住，经过连续不断地开花结果，到植株衰老，开花结实逐渐减少，直至拉秧为止。结果期的长短是产量高低的关键所在，结果期的长短受诸多因素的影响，品种的熟性是一个影响因素，但主要取决于环境条件和栽培技术措施。因此，生产上一定要及时供应充足的水分和养分，以提高黄瓜产量和质量。此期也是最易发病期，应加强日常管理，减少病虫害的发生；同时在植株调整方面，要保持合适的叶面积指数。

12. 什么是黄瓜性型分化？

黄瓜的花芽分化一般从子叶展平时开始，主蔓上分化花芽，不分雌雄，先有雄性倾向，而后才转为雌花倾向，第1片真叶展开时，生长点已分化12节，但性型未定；当第2片真叶展开时，叶芽已分化14～16节，同时第3～5节花的性型已决定；到4叶1心，花芽已分化到23片叶，11节以下的花芽性型已确定；到第7片叶展开时，第26节叶芽已分化，花芽分化到23节时，16节花芽性型已定。

13. 能够通过外部手段调控黄瓜的性型分化吗？

黄瓜的性型分化除受遗传性支配外，还与环境条件等多种因素有关，如温度、光照、水分、养分、气体等。在花芽分化适当阶段采取适当措施，例如通过人工调控促进雌花的分化与形成。一是黄瓜花芽分化时，保持白天温度在25℃左右，夜间将温度降至13～15℃，能明显地增加雌花数量和降低节位；二是在降低夜间温度的同时缩短日照时间，可增加雌花数量和降低雌花节位；三是苗床土要肥沃，氮、磷、钾配合适当，多施磷肥，可降低雌花节位，多形成雌花；四是应用一些激素促进雌花分化，如乙烯利、萘乙酸、吲哚乙酸等，乙烯利在生产上较为多用。

14. 黄瓜健壮生长对温度有什么要求？

黄瓜起源于热带、亚热带温湿地区，因而要求高温高湿的气候条件，但在不同的生育阶段所要求的温度条件又不相同。一般说来，由播种到果实成熟需要的有效积温为 800～1 000 ℃（最低有效温度为 14～15 ℃）。一般情况下，黄瓜健壮植株的冻死温度为−2～0 ℃。黄瓜植株不耐霜冻的原因是组织柔嫩，含游离水较多，容易结冰。通常 5 ℃以下黄瓜难以适应，10 ℃以下生理活动失调，生长缓慢或停止生育，所以把 10 ℃称为“黄瓜经济的最低温度”。黄瓜健壮生长的生育界限温度为 10～30 ℃，光合作用的适宜温度为 25～32 ℃。当白天气温超过 32 ℃时，植株的生长开始受到抑制，当温度高于 40 ℃时，光合作用减弱，代谢机能受阻，生长停止。如果出现连续 3 小时的 45 ℃高温，则植株叶色变淡，花粉发育不良，出现畸形果。在短期内气温高达 50 ℃时，茎、叶就会发生坏死现象。黄瓜最低发芽温度为12 ℃，在 11 ℃以下不发芽。发芽最适温度为 30 ℃，超过 35 ℃发芽率反而降低。

黄瓜根系比其他果菜类对地温的变化更为敏感。地温不足时，根系不伸展，吸水吸肥特别是吸磷受到抵制，因而地上部不长，叶色变黄。黄瓜根毛发生的最低温度是 12～14 ℃，最高温度为 38 ℃，最适宜的地温为 25 ℃左右。如地温降至 12 ℃以下，根系的生理活动受阻，会引起下部叶片发黄，所以在春黄瓜育苗期和定植后提高地温甚至比提高气温还要重要。但地温最高不可超过 35 ℃，地温高时根系的呼吸量增加甚快。如达 38 ℃以上，根系就会停止生长。

15. 黄瓜健壮生长对光照有什么要求？

黄瓜属于短日照作物，8～11小时的日照条件能促进雌花的分化和形成。喜强光照，光饱和点为5.5万勒克斯，光补偿点为1 500勒克斯，黄瓜属于比较耐弱光的蔬菜，所以在设施内生产只要满足了温度条件，冬季仍可进行。但是冬季日照时间短，光照弱，黄瓜生育比较缓慢，产量低。炎热夏季光照过强，对生育也是不利的。在生产上夏季设置遮阳网，冬春季覆盖无滴膜和张挂反光幕，都是为了调节光照，促进黄瓜生长发育。

16. 黄瓜健壮生长对水分有什么要求？

黄瓜喜湿又怕涝，适宜的土壤湿度为土壤持水量的60%～90%，苗期60%～70%，成株期80%～90%。适宜空气相对湿度为60%～90%。理想的空气相对湿度应该是：苗期低，成株期高；夜间低，白天高；低到60%～70%，高到80%～90%。空气相对湿度大很容易发生病害，因此棚室生产中阴雨天和刚浇水后，应注意放风排湿。采用膜下暗灌等措施可降低设施内的空气相对湿度，减少病害。

17. 黄瓜健壮生长对土壤有什么要求？

黄瓜忌连作，一般连作3年的设施地块就会出现明显的连作障碍，主要表现为土传病虫害严重、土壤盐渍化、土壤板结、出现缺素症，从而导致产量降低、品质下降，因此在黄瓜栽培中要重视轮作倒茬，要求与非葫芦科作物（如浅根性叶菜类、葱蒜类等）实行2～3年的轮作，黄瓜与番茄相互抑制，不宜轮作和间作套种。

黄瓜根系浅，主要分布在土表以下 25 厘米的土层，但同时地上部分繁茂、持续开花坐果，因此具有喜肥但不耐肥的特性，对土壤肥力和土壤质地要求较高，沙土易发苗，但也易早衰，黏土难发苗，但后劲足。因此，栽培黄瓜，土壤必须要富含有机质、土质疏松、保肥保水能力强、透气性良好。土壤中性偏酸为好，pH 在 5.5～7.6 之内均能适应，但最适宜的 pH 为 6.5，当 pH 为 4.3 以下就会枯死。

18. 黄瓜健壮生长对矿质营养有什么要求？

黄瓜在收获期间对五要素的吸收量以钾为最多，氮次之，再其次为钙、磷，以镁为最少。黄瓜对氮、磷、钾各元素 50%～60%的吸收量均在收获盛期。叶和果实内三要素的含量差不多是各半，也就是说其中一半是随果实被采收去了，因此黄瓜结果期的追肥是很重要的。产量越高对养分的吸收也越多，同时对地力的消耗也越大。但由于黄瓜喜肥不耐肥，在生产中应以有机肥为主，配合浇水追施速效化肥，以少量多次为原则。施肥时要注意氮、磷、钾的配合。氮素供应不足时，叶绿素合成受阻，叶色变黄，光合作用减弱，植株营养不良，下部叶片加速老化，落叶早。此外，氮素不足还会影响到对磷的吸收。黄瓜缺磷时，光合产物运输不畅，致使光合强度下降，果实生长缓慢；叶片变小，分枝减少，植株矮小；细胞分裂和生长缓慢，造成子叶伸展不开，单位叶面积叶绿素累积，叶色暗绿。黄瓜缺钾时，养分运输受阻，根部生长受到抑制，整个植株的生长发育也受到限制。因此，在整个黄瓜生育期内缺钾时，整个生长发育都会受到严重损害。大约每产 1 000 千克黄瓜需纯氮 2.8 千克、五氧化二磷 0.9 千克、氧化钾 3.9 千克、氧化钙 3.1 千克、氧化镁 0.7 千克。氮 (N)、磷 (P_2O_5)、钾 (K_2O) 三要素比例为 1.00∶0.32∶1.39，生产中要根据作物品种类型、目标产量和土壤肥力情况进行合理的平衡施肥，一般全生育期将20%的氮、全部的磷、30%的钾和全部的微量元素肥料用作基肥，剩余的氮、钾肥根据采收期长短分次追施。

19. 黄瓜健壮生长对气体条件有什么要求？

黄瓜的地上部分和地下部分因生理作用不同，对气体的要求也有一定差异。地上部分（茎叶）的主要功能是进行光合作用，制造同化物向植株各部分运输，而空气中的二氧化碳是进行光合作用不可缺少的原料。在正常的温度、湿度和光照条件下，黄瓜的二氧化碳饱和点浓度为0.1%，超出此浓度则可能导致植株生理失调，二氧化碳补偿点浓度是0.005%，长期低于此限，黄瓜就可能因光合作用不良，同化物少而逐渐衰弱而死亡，但在光照度、温度、湿度较高的情况下，光合作用的二氧化碳饱和点浓度还可以提高，所以设施栽培中加强二氧化碳补施是获得高产的重要手段，可通过增施有机肥、采用秸秆生物反应堆及人工施放的方法来补充二氧化碳。

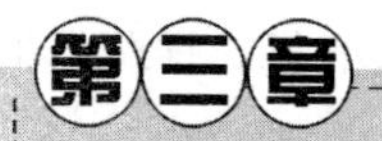

第三章 黄瓜的品种类型

黄瓜在世界各地普遍栽培，根据品种的分布区域及其生态学性状可区分为华北型、华南型、南亚型、欧美露地型、北欧温室型等多种类型。

20. 华北型黄瓜有哪些特点？

主要分布于中国黄河流域以北及朝鲜、日本等地。植株生长旺盛，喜土壤湿润、天气晴朗的自然条件，对日照长短的反应不敏感，不同日照时长下雌花节率相差不大，嫩果棍棒状、绿色、瘤稀、多白刺，老熟果黄白色、无网纹。

21. 华南型黄瓜有哪些特点？

主要分布于中国长江流域以南和印度、日本等地。适于生长在温暖的气候条件下，对温度及日照时长较敏感。植物茎蔓粗，叶片厚而大。果实粗而短，大多无棱且刺瘤稀少、果皮较厚，成熟种瓜多为褐色，具网纹。

22. 北欧温室型黄瓜有哪些特点？

适于在英国温室栽培的品种，主要分布于西班牙、荷兰、英国、罗马尼亚等东欧地区。植株较耐低温和弱光，但在露地栽培的生长情况不良。果实绿色、光滑、圆筒形，长度可达到50～60厘米，肉质紧密且富有香气。

第四章 培育健壮的幼苗

23. 黄瓜壮苗具有哪些形态指标？

生理苗龄3～4片真叶，嫁接伤口愈合完整，株高15厘米左右，下胚轴3～4厘米，茎基部粗0.5厘米，叶色正常健康，子叶完整、肥胖、具光泽，根系发达，根色洁白，无病虫害。

24. 黄瓜育苗方式有哪几种？

育苗方式有土方育苗、营养钵育苗、压缩基质块育苗、穴盘基质育苗等多种方式，随着生产水平的提高，穴盘基质育苗已成为目前主流育苗方式。

25. 穴盘育苗如何配制基质？

育苗基质是幼苗生长发育的基础，起着固定并支持幼苗、为秧苗生长提供所需养分和水分、创造适宜根际环境的作用。育苗基质可选用商品基质，在选购商品基质时，要关注产品的理化性质等指标，如基质容重、通气孔隙度、持水孔隙度等。

在配制育苗基质时，要选用优质草炭、蛭石、珍珠岩为主要原料，按体积比3∶1∶1配制，每立方米基质加入三元复合肥1

千克、发酵充分的鸡粪 10 千克混拌均匀，混拌过程中选用 50% 福美双可湿性粉剂 700 倍液（25 克/米^3）、75%百菌清可湿性粉剂 600 倍液（200 克/米^3）、50%多菌灵可湿性粉剂 500 倍液（10 克/米^3）等均匀喷施，然后用塑料薄膜将基质密封 7 天，充分散味后使用。

26. 如何根据栽培茬口选择适宜的育苗场所？

根据栽培茬口和气候条件的不同，黄瓜的育苗可区分为冬春季育苗和夏秋季育苗。冬春季育苗对应的栽培茬口为日光温室早春茬、塑料大棚春茬和春露地栽培，由于育苗时期正值低温季节，故应选用具有加温功能的保温性能良好的日光温室或连栋温室作为育苗场所；夏秋季育苗则宜在具备遮阳、通风、降温和避雨条件的塑料大棚或连栋温室内进行。

27. 如何确定用种量？

播种前应根据定植密度（株/亩*）、播种及育苗方式、种子质量、育苗水平等因素合理确定播种量（克/亩）。黄瓜自根栽培条件下育苗播种量可依照式（1）计算，黄瓜嫁接育苗播种量可依照式（2）、式（3）计算。

$$播种量=定植密度\times(1+保险系数)\div1\,000\times千粒重\div纯度\div净度\div发芽率 \quad (1)$$

式中，保险系数是指在实际播种时，为了保证苗全、苗壮，在理论播种量的基础上增加的播种量百分比，一般取 20%～30%；黄瓜的千粒重一般取 25 克；纯度、净度和发芽率可查看种子包装袋或自行测定。例如，黄瓜定植密度 3 500 株/亩、种子纯度

* 亩为非法定计量单位，1 亩≈667 米^2。——编者注

95%、净度 99%、发芽率 90%以及保险系数 25%时，亩播种量为 129 克。

砧木播种量＝定植密度×(1＋保险系数)÷1 000×砧木千粒重÷砧木纯度÷砧木净度÷砧木发芽率÷嫁接成活率　　(2)

式中，保险系数同样可取 20%～30%；砧木千粒重根据砧木种类而差异较大，一般黑籽南瓜、白籽南瓜的籽粒较大，千粒重 200 克左右，而黄/褐籽南瓜砧木的籽粒较小，千粒重 100 克左右；嫁接成活率可根据嫁接技术水平的高低和养护条件的优劣取适当值，一般嫁接成活率可达 85%以上；砧木籽种的纯度、净度和发芽率可查看种子包装袋或自行测定。

接穗播种量＝砧木播种量÷砧木千粒重×黄瓜千粒重÷黄瓜种子纯度（%）÷黄瓜种子净度（%）÷黄瓜种子发芽率（%）(3)

例如定植密度 3 500 株、保险系数 25%，砧木种子纯度 95%、净度 99%、发芽率 85%、千粒重 100 克、嫁接成活率 90%，黄瓜种子千粒重 25 克、纯度 95%、净度 99%、发芽率 90%，在这种情况下，亩需砧木种子量＝3 500×1.25÷1 000×100÷0.95÷0.99÷0.85÷0.9＝608 克，亩需接穗种子量＝608÷100×25÷0.95÷0.99÷0.9＝180 克。

28. 种子消毒有必要吗？

蔬菜的许多病害是通过种子传播的，病原菌寄生在种子的表面，带有病原菌的种子播种后，遇到适宜的环境条件，病原菌就会大量繁殖从而造成为害，所以在蔬菜品种选定后不仅要对种子进行精选，播种前还需要进行种子消毒，这是病虫害全程绿色防控体系的重要一环。

29. 如何进行种子消毒？

种子消毒的方法很多，常用的有以下几种（包衣的种子切勿再行消毒）：

（1）温汤浸种　利用水的高温杀死附着在种子表面和内部的病原菌，该种方法操作简单，不需药剂，可与浸种催芽同时进行。采用温汤浸种消毒时，取一清洁的陶瓷盆，先用常温水浸种15分钟，再转入种子体积4～5倍的55℃温水（以温度计测量）中，同时用木条沿同一方向匀速搅拌，保持55℃恒温15分钟（在旁边再准备1个容器，将水调好温度后再注入陶瓷盆，不要直接在盛种子的容器内倒开水，以防烫伤种子），不停搅拌待水温降至30℃，继续浸泡4～6小时，即可出水，出水后要搓掉种皮上黏液，多次用温清水投洗，然后用湿纱布包起来催芽。

（2）药剂浸种　先将种子用常温清水浸泡3～4小时，再转到一定浓度的药液中常温浸泡20～30分钟，之后清水冲洗干净进行催芽或播种。根据主要防控的病害选用合适的药剂，如防治病毒病可选用10%磷酸三钠溶液、0.1%高锰酸钾溶液、2%氢氧化钠溶液，硫酸铜100倍液浸种5分钟、40%甲醛（福尔马林）150倍液浸种1.5小时、1 000万单位农用链霉素可湿性粉剂300～500倍液浸种2小时可防治细菌性斑点病，50%多菌灵可湿性粉剂500倍液浸种60分钟可防治枯萎病，福苯混剂20倍液或福甲混剂200倍液浸种30分钟可防治枯萎病、蔓枯病、立枯病等。

（3）药剂拌种　将种子与药剂混合搅拌均匀，使药剂均匀附着在种子表面以杀灭种传病原菌。药剂用量一般为种子重量的0.2%～0.4%，常用药剂有福苯混剂、福甲混剂、多菌灵、福美双、春雷·王铜、甲硫·乙霉威等。

30. 怎样进行种子催芽？

种子处理后，常温浸泡 4～5 小时，捞出洗净，用湿纱布包好后置于 25～30 ℃恒温下催芽，催芽期间保持种子湿润，约 70％的种子露芽时即可播种。

31. 如何选用适宜的穴盘规格？

采用自根育苗时，黄瓜播种可选用 72 孔穴盘；采用嫁接育苗时，砧木种子播种在 50 孔穴盘，接穗种子可选用平盘或 72 孔穴盘。

32. 穴盘育苗时如何播种？

配置好的育苗基质在装盘前先喷少许水拌匀，加水数量掌握在用手轻握成团、落地后散开的程度，基质装盘时不要用力压实，将全部孔穴填平即可，装满后各个格室应清晰可见。之后摆放于苗床内，下铺一层薄膜，播种前用喷壶浇透水，以手指按压 1 厘米深的播种坑，将种子平放于播种坑内，覆盖消毒蛭石并淋透水，覆膜增温保湿。

33. 苗床管理要注意什么？

（1）出苗前管理　播种后地温要保持在 20～24 ℃，气温 28～30 ℃。一般 2 天左右即可出苗，此期主要是保温保湿，覆盖地膜并扣小拱棚。

（2）幼苗管理　苗期管理涉及温度、光照、水分、气体、肥料、病虫害防控等环节。

温度管理：幼苗出土后，要降低温度，尤其是夜间温度，防止幼苗徒长，白天 20～25 ℃、夜间 15～18 ℃、地温 16～20 ℃，2 片真叶后夜间温度降到 12～14 ℃。由于室内气温存在温差，可能出现生长差异，要按长势倒苗，可将畦南头、北头的苗子对调，以调整秧苗长势。

光照管理：光照度和光照时长是黄瓜幼苗雌花形成的重要条件，低温短日照是促进雌花分化的有利条件之一，每天要日照8～10小时。阴雨天要揭开草帘，避免幼苗徒长。温度过高、日照过强时，要用草帘遮盖一下，避免幼苗晒伤。

通风管理：通风原则是晴天早放风、大放风，放风时间长，阴天则相反。苗大可大放风，苗小要小放风，时间也要略短。一天之中随着温度的变化适当通风。正常 9:00—10:00、14:00 以后风口要逐渐缩小，16:00—17:00 完全关闭风口。

水肥管理：采用干湿交替方法进行苗期水分管理，出苗后基质相对含水量一般控制在 60%～80%。浇水宜在清晨进行，冬天时要注意浇水温度，不宜直接用冷水浇苗，1 片真叶期结合浇水叶面喷施 0.10%～0.15%的育苗专用肥料，每 7 天左右施用 1 次。

病害防治：苗期主要病害是猝倒病和立枯病。猝倒病幼茎发病在接近地面处，病部呈水渍状黄褐色，并逐渐腐烂，幼苗发病后很快倒伏，几天后成片死亡，在湿度高时，病部密生白色霉状物，湿度越高，危害越重；立枯病主要为害刚出土幼苗和大苗，初期茎部产生长圆形暗褐色病斑，病斑逐渐凹陷扩大绕茎一周，根部受害，皮层腐烂，随后叶片变黄枯死，潮湿时病部常有淡褐色蛛丝状霉物。在防治上，首先是防止高温高湿，出苗后应选择温暖晴天揭膜炼苗、通风换气，严格控制苗床温湿度，浇水不宜过多，及时拔除病弱苗并烧毁或深埋，撒石灰对染病区域进行消毒。出苗后若有零星发病应及时喷药防治，用 95%敌磺钠可湿性粉剂 1 000 倍液或 50%多菌灵可湿性粉剂 800 倍液，每隔 7～

10 天喷洒 1 次，连喷 2～3 次，即可取得理想的防治效果。

34. 黄瓜嫁接育苗有必要吗?

嫁接是将植物的芽或枝（称接穗）接到另一植株（称砧木）的适当部位，使两者接合成一个新植株的技术，嫁接技术已作为瓜果类蔬菜无公害、增产的有效栽培手段推广应用。

(1) 增强黄瓜的抗病性 多年来，黄瓜的一些土传病害，例如黄瓜枯萎病和疫病等，对黄瓜生产危害很大。特别是温室黄瓜，因连作重茬病害严重，造成黄瓜植株的大量死亡而严重减产，甚至绝产。到目前为止，还没有一种特效药物或抗病品种来解决这个问题。因此，通过嫁接技术的应用可有效地防止黄瓜枯萎病及疫病等土传病害的发生。

(2) 增强黄瓜的耐低温能力 由于砧木根系发达，抗逆性强，嫁接苗明显耐低温。如云南黑籽南瓜在地温 8 ℃左右能迅速生长新根，而黄瓜根系正常生长的地温不能低于 12 ℃。因此，黄瓜嫁接后有利于大棚黄瓜的越冬。

(3) 有利于克服连作危害 黄瓜根系脆弱，忌连作，日光温室栽培极易受到土壤积盐和有害物质的伤害，换用嫁接砧木根以后，可以大大减轻土壤积盐和有害物质的危害。

(4) 扩大了根系吸收范围和能力 嫁接后的植株根系比自根苗成倍增长，在相同面积上可比自根苗多吸收氮、钾约 30%，磷约 80%，且能利用土壤深层中的磷。

(5) 增加产量 由于嫁接黄瓜根系吸收水肥能力强，植株营养生长旺盛，病害及生理障碍的发生程度减轻，黄瓜不易早衰，生育期明显延长，拉秧期推迟。

(6) 有利于生产无公害蔬菜 嫁接黄瓜由于抗病性增强，可减少农药的用药次数和用药量，从而减少了黄瓜的农药残留以及对环境的污染，保证了瓜农及消费者的身体健康。

35. 黄瓜嫁接常用的砧木有哪几种类型？

黄瓜嫁接常用的砧木为南瓜，从籽粒角度可区分为黑籽南瓜、白籽南瓜和黄/褐籽南瓜。

(1) 黑籽南瓜　种皮为黑色。黑籽南瓜根系强大，主根深入土层1米以上，主根系集中在30～50厘米的土层中，能吸收大量水分，具有较强的耐旱耐瘠薄能力，同时具有突出的耐低温和抗枯萎病能力，但嫁接后不能脱除黄瓜瓜条表面蜡粉，并且越是在高温强光时蜡粉越严重。

(2) 白籽南瓜　种皮为白色，籽粒也较大，千粒重190克左右。白籽南瓜在高温条件下嫁接亲和力较高，能在一定程度上减轻瓜条表皮的蜡粉。代表砧木品种有日本雪松。

(3) 黄/褐籽南瓜　种皮略显浅黄色和浅褐色，籽粒较小，千粒重不足100克。该类型砧木的个别品种如北农亮砧，脱蜡粉能力较强，能够达到100%脱除瓜条表皮的蜡粉，使瓜条表皮亮绿有光泽，同时可降低瓜条中单宁含量、提高维生素C含量，能够显著提高黄瓜的商品性和营养品质。

36. 黄瓜嫁接育苗有哪几种方法？

黄瓜的嫁接方法有10余种，但应用较为广泛的主要有贴接法（俗称“片耳朵”）、插接法和靠接法3种。

(1) 贴接法　贴接法要求砧木第1片真叶直径2厘米左右，接穗子叶平展、真叶未吐心。嫁接时，首先是削切砧木，即从砧木苗顶部紧靠一子叶基部，用刀片呈45°角向另一子叶由上向下斜切，将该子叶连同心叶及腋芽一起切掉，注意不要削出砧木胚轴的髓腔，要求切面平滑、

贴接法

一刀完成，长度0.6～0.8厘米；其次是削切接穗，即左手拇指中指轻捏住接穗两片子叶，苗茎置于左手食指指尖，使刀片平行于子叶，在子叶下方1.0～1.5厘米处自上而下斜切，角度30°～45°，也是要求切面平滑、一刀完成，切面长度与砧木的切面相吻合；最后是嫁接，即将切好的砧木苗和接穗苗切面对齐、对正，用嫁接夹将接口固定牢及时放入小拱棚中，并浇透水、覆盖遮阳。

（2）插接法 本法嫁接的适宜苗龄为砧木株高6～7厘米、茎粗0.6厘米左右、子叶平展、第1片真叶2厘米左右，接穗黄瓜苗高3厘米、茎粗1.5～2.0毫米、子叶平展且真叶未吐心。为了达到上述苗龄要求，要注意砧木和接穗的错期播种，北京地区在9月中旬至10月下旬育苗，可比砧木晚播4～5天，11月上旬育苗应比砧木晚播3～4天，11月中、下旬育苗宜比砧木晚播2～3天，12月上、中旬至翌年1月中旬则可酌情依室内温度条件，与砧木同时播种或晚播1～2天。嫁接时，第一步是砧木摘心，即用竹签刀的大斜面除去生长点和真叶，并仔细除去1对侧芽；第二步是斜插竹签，用拇指和食指捏住砧木子叶下的子叶节，竹签小斜面朝下，从砧木1片子叶中脉和子叶节交接处穿进，斜插到另一子叶下方0.2厘米处，其深度以手指感触到竹签尖端，透过砧木表皮能看到竹签尖端而未插透为佳，插成后竹签暂时留在砧木上；第三步是削接穗，将黄瓜两片子叶合并，用中指托住黄瓜苗下胚轴，在子叶节下0.5～1.0厘米处下刀，斜向下一刀削成0.4～0.5厘米长的斜面，要求平整且尖端平直、无毛茬；第四步是斜插黄瓜接穗（即嫁接），从砧木中拔出竹签，将接穗斜面向下，斜插进竹签插孔，并用手轻按使伤口接合牢固，要防止接穗斜面插透砧木表皮或插入过浅过松，嫁接后接穗与砧木子叶平行，并斜靠在砧木的一片子叶上。

插接法

(3) 靠接法　靠接法简单易学，成活率高，是农村采用的主要嫁接方法，但是涉及后期接穗断根，增加了一定的工作量。应用靠接法，黄瓜较砧木南瓜要早播种 3～5 天，选用生长高度相近的砧木和接穗幼苗进行嫁接，嫁接适期为：南瓜两片子叶展平、真叶吐尖，黄瓜幼苗的第 1 片真叶刚出现。嫁接操作时，把黄瓜苗和南瓜苗由沙床取出，去掉南瓜苗真叶，用刀片在南瓜子叶下 0.5～1.0 厘米处，按 35°～40°向下斜切一刀，深度为茎粗的 1/2，然后在黄瓜子叶下 1.5 厘米处向上斜切一刀，角度 35°～40°左右，深度为茎粗的 1/2，把两个切口互相嵌入，使黄瓜两片子叶压在南瓜子叶上面，用嫁接夹固定。

靠接法

37. 黄瓜嫁接苗愈合期如何管理？

嫁接苗及时放入事先准备好的覆盖遮阳网的小拱棚，用喷雾器喷施 50%的多菌灵可湿性粉剂 800 倍液 1 次，以防接穗萎蔫和伤口感染。嫁接后前 3 天，遮阳率要达到 100%，并覆盖薄膜小拱棚，保持密闭状态，使苗床内的空气湿度保持在 90%以上。白天控制在 25～28 ℃，夜间 18～16 ℃；第 4～7 天，每天早晨、晚上让苗床接受短时间的弱光照，并可适当放风，降低小拱棚内的空气湿度，避免因小拱棚内空气湿度长时间偏高造成伤口腐烂，放风口的大小和通风时间的长短以黄瓜苗不发生萎蔫为标准。其间依小拱棚内湿度大小，每天对嫁接苗喷雾 1～2 次，其中喷 1 次百菌清可湿性粉剂 500 倍液，以预防霜霉病等病菌侵染。

38. 黄瓜嫁接苗成活后怎样管理？

一般 7 天伤口即可愈合，可逐渐延长见光的时间，每天给予适宜光照时间，以瓜苗不发生严重萎蔫（叶柄不下垂）为标准，当黄瓜新叶开始生长，标志嫁接成活，即可转入正常管理阶段。嫁接苗成活后，及时去掉嫁接夹，以防止嫁接夹对幼苗生长产生抑制作用；同时注意检查砧木的不定芽并及时去除；对于靠接法嫁接的幼苗，于嫁接苗成活后用剪刀在黄瓜嫁接口下方断根。

39. 如何进行秧苗锻炼？

定植前1周开始炼苗，采用降温与生理干旱相结合的方式进行幼苗锻炼，低温炼苗，可增加植株内糖分含量，提高植株的耐低温能力。秧苗定植前7天进行低温炼苗：白天尽量控制在15～20℃，夜间12～13℃，同时控制浇水，苗床或苗坨土壤含水量可控制在20%。炼苗时应注意气温和地温不能过低，长期过低的气温和地温，不但达不到炼苗效果，反而会影响根系的生理机能，地上部茎叶受到严重抑制，同时不能过于干旱，以免出现花打顶、小老苗等现象，影响定植后的缓苗和产量。

40. 黄瓜的壮苗标准是什么？

叶片深绿平展、节间短、下胚轴粗壮、根系发达、根坨紧实完整，秧苗长势均匀一致、无病虫害。冬春季节日历苗龄40～45天、生理苗龄4片真叶，株高15厘米左右、下胚轴基部径粗0.5厘米以上；夏季育苗日历苗龄20天、生理苗龄2片真叶，株高12厘米左右、下胚轴基部径粗0.3厘米以上；深秋育苗，日历苗龄30天、生理苗龄3片真叶，株高12～15厘米、下胚轴基部径粗0.5厘米以上。

第五章 普适性技术问题

41. 主要设施类型有哪些？

生产中常用的设施类型主要有塑料薄膜大棚和日光温室两种，2016年全国园艺设施208.29万公顷，其中塑料大棚占65.8%、日光温室占31.8%。塑料薄膜大棚是用塑料薄膜覆盖的一种大型拱棚，与温室相比，具有结构简单、建造和拆装方便、一次性投资较少等特点；与中、小拱棚相比，又具有坚固耐用、使用寿命长、棚体空间大、作业方便及有利于作物生长、便于环境调控等特点。日光温室由保温蓄热墙体、北向保温屋面（后屋面）和南向采光屋面（前屋面）构成，可充分利用太阳能，夜间用保温材料对采光屋面外覆盖保温，是可以进行作物越冬生产的单屋面温室。

42. 塑料薄膜大棚有哪几种类型？

塑料薄膜大棚是主要的设施类型，按棚顶的形状可分为拱圆形和屋脊形两种，我国绝大多数为拱圆形；按骨架材料可分为竹木结构、钢架混凝土柱结构、钢架结构、钢竹混合结构、装配式钢管结构等。

43. 塑料薄膜大棚的环境特点是什么？

由于温室效应的作用，大棚内的气温一年四季通常高于露地，华北地区2月上旬至3月中旬棚内开始迅速升温，3月中旬棚内温度可达15～38℃，比棚外高3～15℃，棚内10厘米地温可达到13～23℃，比露地高3～8℃。一般大棚内地温和气温稳定在15℃以上的时间可比露地提早30～40天，比地膜覆盖早20～30天。但由于它是半封闭全光型设施，仍然受到外界环境条件的影响，温光环境存在着明显的日变化和季节变化。就气温来看，其昼夜温差较露地大，日最高气温出现在12:00—14:00、最低气温出现在日出之前（6:00左右），由于其增温作用，所以与露地相比，大棚内冬季缩短、春秋季延长，故此大棚主要用于春提早、秋延后栽培，但其增温幅度受外界天气的影响大，晴天增温值高，阴天增温值低，尤其是在低温时增温有限，所以存在低温霜冻和高温危害的风险。大棚的光照条件也存在着明显的季节变化，与外界具有同步趋势，就内部光照分布来看，在垂直方向上越近地面光照度越弱，南北延长的大棚上午东侧光照强、西侧较弱，午后则相反。

44. 理想的日光温室温度指标是多少？

日光温室用于严寒季节的园艺作物栽培和秧苗培育，因此要求具有良好的保温蓄热和采光性能，较为理想的日光温室是在不加温条件下，严冬季节室内外最低温度的温差在25℃以上，即在－20℃的严寒条件下，室内可保持5℃以上的气温。

45. 冬季温室防寒保温措施有哪些？

（1）墙体增厚 墙体是日光温室的主要构件，兼有承重、保温和蓄热三重功效。作为主要的蓄热体和放热体，墙体对于严寒季节保持温室内部适宜和稳定的温度起着关键的作用。因此，在修建或改造温室时，要充分考虑影响到墙体承重、保温和蓄热能力的墙体材料和墙体厚度两个主要因素。

保温和蓄热是墙体的主要作用，阻断温室内外的热量传导，因此墙体的厚度要达到一定的要求，墙体过薄则保温效果差，反之，如果墙体过厚既浪费土地资源又浪费建造资材。一般来说，墙体厚度应该达到当地最大冻土层的深度，就北京来讲，最大冻土层的深度为 85 厘米，因此北京郊区的土打墙温室墙体厚度应该达到 80 厘米以上，对于夹皮墙墙体厚度应达到 60 厘米以上（内外均为砖墙，中间填充 10 厘米的聚苯乙烯泡沫板或珍珠岩等隔热物），且墙外要堆土至后坡。

温室墙体厚度小于 60 厘米时，为增加墙体的夜间保温，可根据经济情况及当地资源采取如下措施：①在温室北墙外侧贴 10 厘米厚聚苯乙烯泡沫板，保温板外挂石膏或水泥，使板与墙体结合紧密；②利用当地的玉米秸秆资源，将秸秆打捆贴在后墙上，厚度在 15 厘米左右，用上一年的旧棚膜包紧固定在后墙上；③温室北墙堆土，根据实际情况，堆土高度最好与后墙高度一致，使墙体总厚度至少要达到 1.5 米左右。

（2）后坡加厚　后坡又称后屋面，既是温室蓄热的重要部位，又是温室保温的关键部位。后坡的长度、角度和厚度影响着温室的采光、蓄热和保温能力。根据北京地区纬度 N39°28′～N41°5′，京郊日光温室后坡仰角应该达到 31°～45°，以保证冬至节时阳光射满后墙。为了增强保温能力，后坡长度不能过短，应该保持后坡水平投影达到 1.1 ～1.3 米，同时后坡厚度要达到 50 厘米以上，材质以秸秆、炉渣、草泥、聚苯乙烯泡沫板等隔热物为主。

对于后坡厚度不足的，可根据经济情况及当地资源采取如下措施加厚后坡：①将前保温覆盖物延长覆盖到后坡并固定；②覆盖一层作物秸秆，秸秆上再覆盖一层棚膜防水并固定；③采用炉渣、草泥、聚苯乙烯泡沫板等施工加厚后坡。

（3）外覆盖增厚　日光温室的前屋面是采光和摄取能源的主

要部位，但在夜间前屋面的贯流散热又占了温室整个散热量的绝大部分，因此加强前屋面的夜间保温对提高日光温室室内夜间温度具有至关重要的作用。

外覆盖物的厚度和温室保温效果成正相关，覆盖材料越厚，保温效果越好。目前常用的外保温覆盖物为草苫和保温被。利用草苫作保温覆盖的，草苫重量要求达到 4 千克/米^2，一般每块草苫重量不低于 120 千克；利用保温被进行保温覆盖的，要求保温被厚度在 1.5 厘米以上，最好能达到 2.0 厘米，每平方米重量不低于 1.2 千克。

各地可根据实际情况进行适当加厚外覆盖：①在雨雪天气及冬季气温比较低时，在草苫或保温被外覆盖一层旧棚膜，保温效果好于单独覆盖草苫或保温被，且可以起到防雪防雨效果；②采用双层草苫或两层保温被覆盖，或在草苫或保温被下加 1 层纸被，纸被一般由 4～6 层牛皮纸做成，在严冬季节，用 4～6 层旧水泥袋纸被与 5 厘米厚草帘配合使用，可使温室内温度比单独使用草帘提高 7～8 ℃。

（4）选用高透光棚膜 前屋面是白天摄取太阳能的唯一部位，所以保持前屋面的高透光能力至关重要。建议冬季温室生产选用聚氯乙烯（PVC）长寿无滴消雾多功能薄膜或 PO 膜，厚度在 0.12 毫米以上，并经常擦拭薄膜，减少由于着尘导致的透光率降低。

（5）挖设防寒沟，阻断土壤热量横向传导 防寒沟是在日光温室南屋面底脚下挖的一条地沟，内填干草或密封隔寒，主要功能是保温，切断大棚内外的热量交换，防止冻土层向棚内延伸，是减小棚内地温下降的重要措施。

目前防寒沟有两种：一是外置式防寒沟，即在日光温室前沿外侧挖一条宽 30～40 厘米、深 50～60 厘米的地沟，沟四周铺上旧薄膜，内填充隔热酿热材料，填土覆平踩实，由于绝热材料含水率对其绝热性能影响很大，含水率增加会明显降低绝热性能，因此对于外置式防寒沟绝热材料的选择，要注意选用吸湿性小、导热系数小、整体性好的材料，如秸秆、柴草、马粪、锯末或聚苯乙烯泡沫板等，而炉渣作防寒沟的绝热材料作用不明显；二是内置式防寒沟，即在日光温室前沿内侧挖一条深 50～60 厘米、宽 30 厘米的沟，埋设厚度 10 厘米的聚苯乙烯泡沫板，再填土覆平踩实。

（6）减少温室缝隙散热　温室缝隙指的是门、通风窗、通风口及其他任何缝孔。严寒的冬季，日光温室的内外温差很大，很小的缝隙在大温差条件下，也会形成强烈的对流热交换，导致大量热散失，因此要做好温室密封工作、减少缝隙散热。

① 温室的门。管理人员出入、开闭过程中缝隙放热是不可避免的，应当设置作业间，进入工作间的门应和通入棚内门错开，棚内门还应再张挂棉帘或草帘，室内靠门处应设一个 180 厘米高的围裙，以防止冷空气直接进入室内，降低室温。有的农户在温室的前屋面设入口，虽然出入不太方便，但是从减少缝隙放热的角度来考虑，是可取的，但同样要保持密封良好。

② 温室的通风窗。主要用于越冬蔬菜生产的温室，最好不要设置北墙通风窗。如有通风窗，则进入冬季后，将其沿内外墙垒死，最好里外再用泥抹一遍，减少通风窗缝隙散热。

③ 温室的通风口。通风口的主要作用是通风换气，以达到降温、排湿、排出有害气体、补充二氧化碳等目的。前屋面的通风口一般设上、下两道。上通风道设立于近屋脊处，排气能力强，是冬季和早春用的通风道；下通风道供秋季或晚春需加大通风量时，与上通风道同时使用，设置高度以离地面 1 米高为宜，因为下排通气口主要是起进气口的作用，设置太高会降低通风效果，设置太低容易使近地面处的低温空气进入室内，形成所谓的“扫地风”，给作物带来冷害和冻害。上、下通风道的设置以“三膜两缝”为好，两膜相交不少于 20 厘米。

④ 墙体及后坡密封。在后坡及墙体外侧覆盖一层旧棚膜（棚膜坏损处要修补好）并固定，以减少墙体缝隙散热。

⑤ 前屋面密封。一是及时检修棚膜破损之处，二是保证草苫或保温被搭压紧密。

⑥ 其他措施。除采用上述措施外，还可采用天幕和内裙膜的办法提高温室保温性能。天幕也叫二道幕，白天拉下，夜间覆盖；内裙膜即在温室前底角内侧增设一道薄膜，高度与外裙膜高度一致，二者之间相距10厘米（下端），下边埋入土中，可提高温室前底角处温度。

（7）人工增温补光 一是经常擦洗棚膜来提高透光率；二是在温室后屋面处或走道南侧悬挂1.5米宽的反光膜，增强室内光照度；三是采用安装补光灯或浴霸、电热暖风炉、空气加热线、临时火炉及点燃设施增温块等措施人工增温补光。

（8）应用秸秆反应堆提高地温 该项技术主要应用于黄瓜的日光温室越冬长季节栽培，可明显提高地温，增加温室内二氧化碳浓度，促进黄瓜增产。该项技术主要有以下几个关键环节：①小行开沟。黄瓜采用大小行栽培，在小行也就是黄瓜的栽培畦，顺南北方向挖一条略宽于栽培畦的沟，沟宽70～80厘米、深30厘米。②铺设秸秆。每个沟铺玉米秸秆7～8捆，秸秆不必切碎（切碎效果更好），铺后踏实。③喷施菌液。每亩温室喷施纯菌液（腐杆菌）5～6千克。④回土覆土。喷洒菌液后回土15～20厘米，土和有机肥混合均匀，并使南北两端秸秆露出地面。⑤做畦灌水。回土后按照大小行距做栽培畦，畦高20厘米。栽培畦做完后浇水，水要灌足，保证秸秆湿润，并于栽培畦上每隔30厘米用木棍或钢筋扎孔，孔深以达秸秆底部为宜。⑥定植覆膜。10天后定植，缓苗后覆盖地膜。⑦打孔通气。在植株周围打气孔，要求深达沟底，每株周围打孔3个，以后每逢浇水后都要及时再打孔。⑧注意前两个月浇水时不能冲施化肥、农药，尤其要禁冲杀菌剂，以避免降低反应堆菌种的活性。

46. 阴雪天气要注意哪些问题？

雪天及时清除棚上积雪，避免雪融化在草苫或保温被上而降低其保温效果。遇到阴雪天气，在保证温室内气温 12 ℃以上的同时，可于中午前后揭开草苫，使植株接受散射光照；遇久阴乍晴的天气，应注意回苫或打花苫，以防阳光过强造成植株萎蔫。在雪天和阴天不能进行追肥、浇水、整枝、疏果和喷农药等农事操作。

47. 高温强光季节如何遮阳降温？

夏季高温强光，晴天中午光照度可达到 11 万勒克斯，蔬菜设施（塑料大棚、日光温室）内，即便是旧棚膜也往往达到 6 万勒克斯以上，超过果类蔬菜的光饱和点（瓜类蔬菜光饱和点一般 3 万～7 万勒克斯：辣椒 3 万勒克斯、茄子 4 万勒克斯、黄瓜 5.5 万勒克斯、番茄 7 万勒克斯），同时由于强光会造成棚室内温度过高，往往会达到 35 ℃乃至 40 ℃以上，超过果菜适宜同化温度的上限，因此加强夏季的温光调控是该季节设施果菜生产的关键技术措施。在高温强光季节可采用以下两种方法遮阳降温：

(1) 移动式遮阳网　根据遮阳需求选择合适遮阳率，一般是 50%的遮阳网，于晴天 11：30—14：30 覆盖，其余时间撤下。

(2) 喷洒利凉遮阳　利凉是专为温室、大棚研制的用于遮阳、降温的高科技产品，该产品可以简单喷洒在各种温室表面，形成白色涂层，可有效降低光照透射率，在阻挡和反射光线的同时，还将透过光线转变成散射光，避免了光线直射问题。根据不同的遮阳需求调配适宜的勾兑比例，在黄瓜生产中，通常采用 1∶8 的勾兑比例。7 月中旬晴天中午高温时段，与 50%遮阳网覆盖、无覆盖大棚和露地相比，分别降低温度 2.8 ℃、5.2 ℃和 7.9 ℃，降低光照度 9.5%、28.3%和 29.2%，叶温较遮阳网覆盖和光棚降低 1.7 ℃和 2.7 ℃。一般 6 月上旬即可喷涂，喷涂选择在当日无风、次日无雨的时间进行，喷涂时注意先用喷枪喷洒清水清洗棚膜，之后按比例勾兑利凉喷涂液并混合均匀，待棚膜表面干燥之后，以高压喷枪进行喷涂，要求涂层均匀。

48. 常用的棚膜有哪几种？

根据塑料棚膜基础树脂原料的不同，常见的塑料棚膜可以分为聚乙烯（PE）棚膜、聚氯乙烯（PVC）棚膜、乙烯-醋酸乙烯共聚物（EVA）棚膜以及聚烯烃（PO）棚膜等；根据塑料棚膜功能和结构的不同，常见的塑料棚膜可以分为普通棚膜、防老化棚膜、防雾棚膜、流滴棚膜、双防棚膜、多功能棚膜、多功能复合棚膜以及漫散射光棚膜、转光棚膜等。

PE 棚膜：质地轻（密度 0.923 克/厘米^3），透光性和防尘性能较好，但保温性能不及 PVE 和 EVA，主要产品有普通棚膜、防老化膜、无滴防老化膜、保温棚膜和多功能复合膜等。

PVC 棚膜：该种棚膜比重较大（密度 1.275 克/厘米^3），但具有保温性、透光性、耐候性好的特点。缺点是低温下变硬、脆化，高温下易软化、松弛，膜面易吸尘，影响透光。主要产品有普通 PVC 棚膜、防老化膜、无滴防老化膜、耐候无滴防尘膜等。

EVA 棚膜：比重与 PE 棚膜相当，密度 0.94 克/厘米^3，EVA 树脂是近年来用于农业上的新的农膜材料，用其制造的农膜，透光性、保温性及耐候性都强于 PVC 薄膜和 PE 薄膜，可连续使用 2 年以上。

PO 棚膜：PO 棚膜是采用先进工艺将 PE 和 EVA 多层复合而成的新型薄膜，综合了 PE 和 EVA 的优点，具有透光性好、强度大、抗老化等优点。

49. 常用的地膜有哪几种?

地膜覆盖栽培是20世纪十大农业技术之一，具有增温保墒抑草和增产增收等作用。我国自1979年起试验应用该项技术，并得到了快速的推广利用，到2016年，全国地膜使用量达到146.8万吨、覆盖面积184万公顷。目前市场上地膜类型较多，有无色透明地膜、有色地膜、降解地膜、红色农膜、蓝色农膜、绿色农膜等，生产中要根据不同作物的特点和栽培季节选用适宜的地膜。

无色透明地膜：具有保温保墒功能，可明显提高地温，提高作物对光能的利用率，加速土壤有机质的腐化过程，提高肥效，保水抗旱，促进作物早熟、高产。

银灰色地膜：除有普通地膜的增温、增光、保墒及防病虫作用外，还能反射紫外线，有明显的驱避蚜虫的效果。此外，增加地面反射光有利于果实着色。用于夏季蔬菜栽培，可降低地温。

黑色地膜：除有一般地膜的增温、增光、保墒及防病虫作用外，还有除掉各种杂草的良好效果。用于夏季蔬菜栽培，可以降低地温，利于根系的生长。

除草地膜：除有一般地膜的增温、增光、保墒及防病虫作用外，还具有防除田间杂草的功能。包括含化学除草剂的地膜和有色地膜。

黑白地膜：地面覆盖时，一般让黑色面朝下，白色面朝上。它不但具有黑色地膜覆盖的作用，同时还有白色膜面反光的效果。适于秋冬茬大棚蔬菜地面覆盖栽培。

50. 地膜覆盖有哪些细节要求?

日光温室冬春茬生产中，为了促进根系的生长，一般于缓苗期结束之后覆盖地膜，地膜类型以无色透明地膜为好；在早春茬塑料大棚和日光温室生产中，为了提高地温，一般于定植前7～10天覆盖地膜，可选用黑色地膜；在秋大棚和日光温室秋冬茬生产中，可于低温来临前覆盖地膜，地膜种类以黑色底膜或银灰色地膜为好，采用对接式方法覆盖。

51. 定植前有必要进行棚室表面消毒吗？

有研究表明，棚室蔬菜上的气传病害和小型害虫有70%以上的初始来源是本棚室，因此在新一茬生产开始前进行棚室表面消毒至关重要，有利于在源头上减轻病虫害为害，既能够延缓病虫害的发生时期，又可以减轻病虫害发生程度。

52. 棚室表面消毒的常用方法有哪几种？

棚室表面消毒的常用方法有高温消毒法、喷雾消毒法、烟雾消毒法和臭氧消毒法4种。

高温消毒法：夏秋高温季节，在下茬生产之前的10～15天，棚内施肥旋地之后，地表喷水再封棚提温。

喷雾消毒法：优先选用广谱的杀虫剂和杀菌剂，均匀喷洒到棚室土壤、墙壁、拱架、棚膜、缓冲间（耳房）等进行消毒。杀菌剂可选用250克/升吡唑醚菌酯乳油、60%唑醚·代森联水分散粒剂、10%苯醚甲环唑水分散粒剂、72%霜脲·锰锌可湿性粉剂等，杀虫剂可选兼治螨类的18克/升阿维菌素乳油、25克/升高效氯氟氰菊酯乳油、1.8%阿维·高氯乳油和4.8%甲维·高氯氟乳油等。此时距离蔬菜收获时间较长，可选择1～2种杀菌剂和1种杀虫剂混合使用。喷雾时应覆盖整个棚室内，施药人员应做好防护。

烟雾消毒法：需采用烟剂和熏蒸剂等特定剂型的药剂，借助常温烟雾施药机和热烟雾机等专用器械施药。杀虫可选用 22%敌敌畏烟剂、3%高效氯氰菊酯烟剂、20%异丙威烟剂和 12%哒螨·异丙威烟剂，杀菌可选用 15%腐霉·百菌清烟剂、12.5%甲霜·百菌清烟剂和电热硫黄蒸发器等。

臭氧消毒法：需利用自控臭氧常温烟雾施药机，可自动完成消毒工作。单次消毒一般设定 2～3 小时，启动设备后，密闭棚室，器械可自动运行并定时关闭。为保证杀灭效果，连续消毒 2～3次。每次处理结束后，应迅速把机器移出棚室。臭氧在高温下易分解，在潮湿条件下杀灭病虫效果佳，故应该在气温较低的早晨和傍晚使用。同时为了增加臭氧消毒效果，棚室内应提前增湿。

53. 设施土壤消毒技术有哪些？

土壤消毒的方法有很多种，有些消毒方法技术性很强，需要专业技术人员并配备专用设备，下面介绍几种简单易行、农户可自行操作的消毒方法以供参考。

辣根素熏蒸处理：定植前 1 周整地做畦、覆膜铺滴灌，通过滴灌系统将 20%辣根素水乳剂 4～6 升随水滴入土壤耕作层，密闭熏蒸 12～24 小时可起到有效的土壤消毒效果。

太阳能高温处理：夏秋高温季节，在下茬生产之前的 10～15 天，棚内施肥旋地之后，地表喷水再封棚提温。

常规药剂消毒：采用一些广谱药剂，如多菌灵、百菌清、甲醛（福尔马林），参考药剂使用说明喷施或撒施进行土壤消毒。

54. 设施果类蔬菜常用栽培畦式有哪几种？

设施果类蔬菜生产一般采用大小行双行定植，常用的栽培畦式有两种，一种是台式高畦，适于有滴灌条件的地块采用，畦高20厘米、上台面宽60厘米、下台面宽80厘米、沟宽60厘米，适于滴灌灌溉；另一种是瓦垄畦，对于不具备滴灌条件的地块推荐采用瓦垄畦栽培（适于膜下沟灌），畦高15～20厘米、大沟宽90厘米、小沟宽50厘米，小沟深15厘米左右。栽培畦的畦向，温室生产要做成南北向栽培畦，塑料大棚生产可做成东西向栽培畦（为了田间管理操作方便，也可采用南北畦向）。

55. 有哪几种常用的节水灌溉方式？

（1）覆膜沟灌 包括膜上沟灌和膜下沟灌，膜上沟灌适合于偏沙质土壤，膜下沟灌适合于偏黏质土壤。

（2）交替沟灌 即起垄栽培条件下的奇偶数沟交替轮流灌溉的技术。通过控制作物部分根系区域干燥、部分根系区域湿润，使不同区域的根系经受一定程度的水分胁迫锻炼，激发其吸收补偿功能，诱导作物气孔保持最适宜开度，减少蒸腾损失，达到不牺牲作物产量提高作物水分生产率的效果。

（3）膜下微灌 即将毛管（滴灌带或微喷带）铺设在地膜下方，是把微灌技术和地覆盖膜技术集成在一起而形成的一种新型节水灌溉技术，主要包括膜下喷灌和膜下滴灌两种类型。

56. 什么是二氧化碳施肥技术？

二氧化碳是植物进行光合作用所必需，大量的研究表明，设施内补充二氧化碳加速了作物的生长和发育，使作物熟性提前、产量增加。如在黄瓜生产中，一般每形成1千克黄瓜产品约需二氧化碳50克，而大气中二氧化碳的浓度一般为330毫升/米^3，远远不能满足黄瓜生长发育的需要，因此在生产期间一定要注重补充二氧化碳，使棚内二氧化碳浓度达到800～1 000毫升/米^3

的理想状态。

化学反应法：采用碳酸盐或碳酸氢盐和强酸反应产生二氧化碳，我国目前应用此方法最多。现在浙江、山东有几个厂家生产的二氧化碳气体发生器都是利用化学反应法产生二氧化碳气体。

燃烧法：燃烧物质可以是煤和焦炭（来源容易，但产生的二氧化碳浓度不易控制，在燃烧过程中常有一氧化碳和二氧化硫有害气体伴随产生）、白煤油（每升完全燃烧可产生 2.5 千克的二氧化碳，其成本较高，我国目前生产上难以推广应用）、天然气或液化石油气（燃烧后产生的二氧化碳气体通过管道输入到设施内，成本也较高）等。

施用成品二氧化碳：可以是液态二氧化碳（酒精工业的副产品，经压缩装在钢瓶内，可直接在设施内释放，容易控制用量，肥源较多）或固态二氧化碳（即干冰，放在容器内任其自身扩散，可起到施肥的效果，但成本较高，适合于小面积试验用）。

吊袋式二氧化碳施肥法：每亩地悬挂 20 袋，35 天左右更换 1 次，首先将 1 大袋二氧化碳发生剂沿虚线处剪开，然后将 1 小袋促进剂倒入，并将二者混匀，将混合好的二氧化碳气肥大袋放入带气孔的专用吊袋中，不要堵死出气孔，再将上述吊袋东西方向按“之”字形悬挂在温室大棚中的骨架上，位于植株生长点上方。

颗粒剂二氧化碳施肥法：颗粒剂施用时将其均匀撒在地表，与土壤接触，注意不要撒在地膜上或水面上，每亩地每次用 5 袋，每 15 天施用 1 次。

加热法：通过专用设备对纯净的碳酸氢铵进行加热，促使其分解为二氧化碳、氨气和水，产生的气体经过三级清水过滤处理，氨气充分溶解于水中，最后获得纯净的二氧化碳，经传送管道输送入棚室中供作物光合作用使用。

57. 什么是黄瓜套袋技术？

套袋是国内黄瓜高产优质栽培的一项新技术，黄瓜专用保护袋采用食品级聚乙烯或聚酯薄膜材质制成，长圆筒状，上有通气孔，黄瓜套袋可促进增产、提高商品率、促进早熟，同时还能在一定程度上隔离杀虫杀菌剂对产品的污染，并且可提高耐贮运性，减少运输过程机械损伤。

第一要选择适宜的套袋规格，根据栽培黄瓜品种的瓜条长度和直径选择尺寸适合的保护袋；第二要把握套袋时机，套袋过早，由于果柄幼嫩容易受损而影响后期果实的生长，套袋过晚，由于果实过大而增加了套袋难度，一般选择在花期约 4 天、幼瓜长 7～10 厘米时套袋，套袋时务必把雌花摘掉；第三要适时采收，套袋蔬菜以果实完全充满后带袋采收，以防保护袋涨破或影响果实。

58. 黄瓜落蔓有哪两种方式？

(1) 原地盘蔓落秧 落蔓时首先将缠绕在茎蔓上的吊绳松开，用手扶好黄瓜秧的中上部，顺势把茎蔓落于地面，切忌硬拉硬拽，将下部的黄瓜秧在黄瓜定植穴部位绕大圈盘好。盘绕茎蔓时，要顺着茎蔓的弯打弯，不要硬打弯或反方向打弯，避免扭裂或折断茎蔓。

(2) 移位落秧 黄瓜生长至固定高度以后，采用吊蔓钩移位落秧方式进行植株调整，即摘下落蔓钩放线 1 周，之后再悬挂在下一落蔓钩位置，以此类推，畦向尽头一株引向对侧悬吊拉丝。

黄瓜移位落秧法

第六章 设施黄瓜的优质高效栽培

专题一　设施黄瓜优质高效栽培要考虑的因素

59. 优质黄瓜的基本要求是什么？

优质黄瓜的基本要求是外观品质优良、口感风味良好、产品整齐度好、营养成分含量高、有害成分（卫生指标）低于国家限量标准。

外观品质包括瓜条形状、顺直程度、瓜条长度与瓜把长度、果皮颜色与光泽、刺瘤大小与疏密、机械损伤或病虫害等缺陷等，一般要求果皮具有该品种应有的颜色和光泽、近瓜蒂部无明显黄色条纹，瓜条顺直、粗细均匀、每 10 厘米瓜身最大弯曲度不大于 1 厘米、瓜把长度不大于瓜长的 1/7，瓜条完好无损伤。

内部品质与口感风味直接相关，包括果肉硬度、坚韧度、紧密度与苦涩感和风味等，一般要求瓜条成熟度适中、种子未完全形成，瓜条无脱水、无皱缩、质地脆嫩，无苦涩感和异味，具有黄瓜特有的风味。

营养品质是指黄瓜产品营养成分含量的高低，主要包括碳水化合物、维生素、糖类、酸和矿物质等，一般要求干物质含量在 4%以上、总糖含量在 1.5%以上、每 100 克鲜样的维生素 C 含量在 6 毫克以上。

卫生品质指的是化学污染和生物污染，其中尤以农药残留、重金属富集、硝酸盐和亚硝酸盐累积等为主要内容，要求在生产过程中严禁使用剧毒、高毒、高残留农药，平衡施肥，农药、重金属、硝酸盐和亚硝酸盐含量等卫生指标符合国家相关限量要求。

60. “三品一标”指的是什么？

为了有效提升农产品的发展水平，提高农产品质量效益和竞争力，20 世纪 90 年代以来，农业农村部提出了“三品一标”的农产品发展战略，即无公害农产品、绿色食品、有机农产品和地理标志农产品。经过多年发展，“三品一标”已成为我国重要的安全优质农产品公共品牌，在提升农产品质量安全水平、促进农业提质增效和农民增收等方面发挥了重要作用。

61. 什么是无公害农产品？黄瓜的无公害生产要注意哪些问题？

无公害农产品是指产地环境、生产过程和产品质量符合国家有关标准和规范的要求，经认证合格获得认证证书并允许使用无公害农产品标志的未经加工或者初加工的食用农产品。无公害农产品由农业农村部农产品质量安全中心和各省级农业行政主管部门实施认证。

在黄瓜的无公害生产中要注意以下技术关键点：一是生产基地的选择，要选择生态环境良好、远离污染源、可持续生产能力强的农业生产区域，产地的土壤和灌溉水质量应符合 NY/T 5010—2016《无公害农产品 种植业产地环境条件》要求。二是严格控制生产投入品，包括作物品种、农药、肥料和生长调节剂等，作物品种要优质抗病；在农药的选择和使用方面，要符合国家相关规定，优先选用生物农药及高效低毒、低残留农药，严禁应用国家明令禁止的农药和高毒、高残留农药；肥料的使用方面，提倡以优质有机肥为主、化学肥料为辅的施肥原则，不允许使用未经无害化处理和重金属或激素含量超标的垃圾、污泥和有机肥。三是生产过程要符合无公害农产品生产技术的标准要求，尤其是在病虫害防治方面，要按照“预防为主、综合防治”的原则，优先采用农业防治、物理防治、生物防治，结合科学合理地化学防治，达到生产安全、优质的无公害黄瓜的目的，同时要求生产全程有完善的质量控制措施，并有完整的生产和销售记录档案。

62. 什么是绿色食品？

绿色食品是指产自优良生态环境、按照绿色食品标准生产、实行全程质量控制并获得绿色食品标志使用权的安全、优质食用农产品及相关产品。绿色食品标准分为两个技术等级，即AA级绿色食品标准和A级绿色食品标准：AA级绿色食品标准要求生产地的环境质量符合《绿色食品产地环境质量标准》，生产过程中不使用化学合成的农药、肥料、食品添加剂、饲料添加剂、兽药及有害于环境和人体健康的生产资料，而是通过使用有机肥、种植绿肥、作物轮作、生物或物理方法等技术，培肥土壤、控制病虫草害，保护或提高产品品质，从而保证产品质量符合绿色食品产品标准要求；A级绿色食品标准要求产地的环境量符合《绿色食品产地环境质量标准》，生产过程中严格按绿色食品生产资料用准则和生产操作规程要求，限量使用限定的化学合成生产资料，并积极采用生物方法，保证产品质量符合绿色食品产品标准要求。

63. 什么是有机农产品？

有机农产品是指在农业活动中以有机生产方式获得的植物、

动物、微生物及其产品。所谓有机生产，是遵照特定的生产原则，在生产中不采用基因工程获得的生物及其产物，不使用化学合成的农药、化肥、生长调节剂、饲料添加剂等物质，遵循自然规律和生态学原理，协调种植业和养殖业的平衡，保持生产体系持续稳定的一种农业生产方式。

64. 什么是地理标志性农产品？

农产品地理标志是指标示农产品来源于特定地域，产品品质和相关特征主要取决于自然生态环境和历史人文因素，并以地域名称冠名的特有农产品标志。国家对农产品地理标志实行登记制度，经登记的农产品地理标志受法律保护。由农业农村部负责全国农产品地理标志的登记工作，农业农村部农产品质量安全中心负责农产品地理标志登记的审查和专家评审工作，省级人民政府农业行政主管部门负责本行政区域内农产品地理标志登记申请的受理和初审工作。

据全国农产品地理标志查询系统查询，截至2019年9月，全国共登记了黄瓜地理标志农产品7个，分别是甘肃板桥白黄瓜（合水县蔬菜开发办公室）、山东沂南黄瓜（沂南县孔明蔬菜标准化生产协会）、江苏淮安黄瓜（淮安市蔬菜流通协会）、山东曲堤黄瓜（济阳县曲堤镇蔬菜协会）、青海新庄黄瓜（大通回族土族自治县蔬菜技术推广中心）、湖南樟树港黄瓜（湘阴县樟树镇农业服务中心）以及广西钦州黄瓜皮（钦州市黄瓜皮行业协会）。

专题二　黄瓜日光温室冬春茬栽培

65. 黄瓜日光温室冬春茬的概念是什么？

黄瓜日光温室冬春茬栽培是指秋末冬初在日光温室播种的黄

瓜，幼苗期在初冬渡过，初花期处在严冬季节，1月开始采收，采收期跨越冬、春、夏三季，达到150天以上，整个生育期接近8个月的茬口安排。这种茬口多应用于北方各大蔬菜产区，由于产品上市期正值黄瓜价格高峰期，同时采收期较长，是生产效益较高的一个种植茬口。

66. 黄瓜冬春茬生产对温室性能有哪些要求？

温室黄瓜的冬春茬生产跨越了整个冬季，而黄瓜又是喜温蔬菜作物，因此进行该茬口生产要求生产地区冬季光热资源要相对丰富、温室要具有良好的温光性能。只有在冬季最寒冷天气条件下，温室内部10厘米地温能够维持在12℃以上且最低温度不低于8℃，短时间（4～5小时）极端低温不低于5℃，进行冬春茬黄瓜生产成功的机会就会很大。

67. 栽培品种要具有哪些突出特点？

这个栽培茬口正处外界严冬季节，温室内的环境特点是低温寡照，同时由于通风量小而温室内空气相对湿度大易诱发病害，因此既要根据目标市场选用高价适销的品种类型，又要突出注重选择耐低温弱光、抗病性强、节成性好的黄瓜品种。

68. 适宜本茬口生产的代表性品种有哪些？

适宜本茬口栽培的品种较多，下面仅就北京地区生产应用列出几个品种以供生产者参考。

（1）中农26 中国农业科学院蔬菜花卉研究所育成。华北型杂交一代良种，中晚熟，长势强，分枝中等，主蔓结瓜为主，回头瓜多。叶色深绿、均匀、有光泽。早春第1雌花始于主蔓第

3～4 节，节成性高。瓜色深绿、亮，腰瓜长约 30 厘米，瓜把短，瓜横径 3 厘米左右，心腔小，果肉绿色，商品瓜率高，单瓜重 180 克左右。刺瘤密，白刺，瘤中等，无棱，微纹。

（2）津优 35　天津科润农业科技股份有限公司黄瓜研究所育成。华北型杂交种，植株生长势强，叶片中等大小，以主蔓结瓜为主，瓜码密，单性结实能力强，回头瓜多。瓜条生长速度快，早熟性好，耐低温、弱光能力强。瓜条棒状，皮色深绿均匀、光泽度好，瓜把小于瓜长 1/7，心腔小于瓜横径 1/2，刺密、无棱、瘤中等，腰瓜长 32～34 厘米，单瓜重 200 克左右，品质好，商品性佳。适应性强，不早衰。

（3）驰誉 303　天津科润农业科技股份有限公司黄瓜研究所育成。华北型杂交种，植株生长势较强，叶片中等大小，叶色深绿。以主蔓结瓜为主，节间短，瓜码密，瓜条生长速度快，持续坐果能力强，产量均衡，不易早衰，丰产潜力大，适应性强。瓜条顺直，皮色深绿、光泽度好，无黄线，刺瘤均匀，棱弱，瓜形美观。腰瓜长 35 厘米左右，果肉淡绿色，肉质甜脆。

（4）中荷 15　天津德瑞特种业有限公司育成。华北型杂交种，植株长势强，叶片中等大小，主蔓结瓜为主，瓜码密度适中，腰瓜长 36 厘米左右，瓜条好，膨瓜速度快，连续结瓜能力强。

（5）京研 107　北京市农林科学院蔬菜研究中心育成。华北型杂交种，全雌系，生长势强，持续结瓜能力强。主蔓结瓜为主，瓜条棒状，瓜长 31～34 厘米，横径约 3 厘米，单瓜重 200～230克，瓜皮深绿色，光泽度中，蜡粉中，瓜条顺直，瓜把较短，瘤小刺密，心室较小，果肉浅绿色。

（6）津优 36　天津科润农业科技股份有限公司黄瓜研究所育成。华北型杂交种，生长势强、叶片大，主蔓结瓜为主，瓜码密、回头瓜多，瓜条生长速度快。早熟，中抗霜霉病、白粉病、枯萎病，耐低温弱光。瓜条顺直、皮色深绿有光泽，腰瓜 32 厘米左右、单瓜重 200 克左右。

(7) 金胚 98　北京中研惠农种业有限公司育成。华北型杂交一代品种，耐低温弱光，早熟性好，长势旺盛，瓜码密。瓜长 35 厘米左右且顺直，瓜色深绿、光泽度极好，短把密刺，无棱无黄线。果肉淡绿、脆甜可口。抗霜霉病、白粉病、枯萎病。

(8) 中荷 15　天津德瑞特种业有限公司育成。华北型杂交种，植株长势强，叶片中等大小，主蔓结瓜为主，瓜码密度适中，腰瓜长 36 厘米左右，瓜条好，膨瓜速度快，连续结瓜能力强。

(9) 冬美 93　天津德瑞特种业有限公司育成。华北型杂交种，植株长势强，叶片中等大小。腰瓜长 35 厘米左右，瓜条好、瓜条直、刺瘤密、商品瓜率高，连续结瓜能力强。前期高产，中后期稳产。

(10) 德瑞特 360　天津德瑞特种业有限公司育成。华北型杂交种，植株长势强，节间稳定，叶片中等大小，主蔓结瓜为主，腰瓜长 36 厘米左右，瓜条棒状。瓜码适中，商品瓜率高。前期产量高，中、后期产量高且均衡。

69. 怎样确定定植期？

在日光温室冬春茬黄瓜生产中，适期定植不仅决定着黄瓜采收上市的时间，而且对于黄瓜植株是否能够顺利越过严寒季节起着重要的作用。黄瓜全年的高价时期为元旦前至五一后，所以尽量将产量高峰期集中在这一段时期，以获得较好的收益。本茬口生产中，适龄壮苗定植后 35 天即可进入采收期，按此推算，应于 10 月下旬至 11 月初定植。若定植过早，由于苗期棚室夜间温度较高，不易形成壮苗，冬前期生长量大、易早衰，若定植过晚，定植后缓苗时间较长，也不易获得高产。

70. 本茬口播种育苗要注意哪些问题？

一是要根据定植期合理安排播种时期，可根据确定的定植期倒推 35 天作为合理播种时间；二是一定要采用嫁接育苗，对于瓜条亮度没有特殊要求的生产者可选用黑籽南瓜嫁接，若要求瓜条少蜡粉、亮绿有光泽，可选用褐籽南瓜砧木；三是育苗期正值设施内高温时段，要注意遮阳降温，尤其要降低夜温以防幼苗徒长。

71. 定植前需做哪些准备工作？

（1）整地施肥 定植前 10～15 天，一是做好棚室修缮。二是彻底清洁田园，清除棚室内的上茬作物的残茬及枯枝败叶、杂草、破旧地膜等杂物，带出室外安全处理。三是基施有机肥和化肥，黄瓜是持续坐果、连续采收的蔬菜作物，产量高、生长量大，每生产 1 000 千克商品瓜需氮 2.8～3.2 千克、五氧化二磷 1.2～1.8 千克、氧化钾 3.6～4.4 千克，三要素养分总计 8.5 千克（折均数），氮、五氧化二磷、氧化钾的需求比例约为 10∶0.5∶1.4。所以为了获得高产要有充足的养分基础，有机肥要发酵充分后撒施，每亩用有机肥 3 000～4 000 千克或农家肥 20～25 米^3，基施三元复合肥 40 千克、磷酸氢二铵 20 千克、硫酸钾 10 千克。上述肥料可全部撒施，或 2/3 撒施、余下 1/3 在做畦时沟施。基肥撒施均匀后旋耕 2～3 次，由于砧木根系主要集中在地表以下 40 厘米的范围内，耕翻深度至少要达到 30 厘米，在起垄做畦前地面要整平耙细。

（2）起垄做畦 冬春茬黄瓜生产建议采用台式高畦栽培（滴灌）或瓦垄畦栽培（膜下沟灌），做畦时沟施 1/3 底肥，之后浇足底水。

（3）棚室消毒 采用高温闷棚、烟剂熏蒸、喷施等方法进行棚室及土壤消毒。

(4) 秧苗准备 定植前2～3天，苗床集中喷施1次杀虫剂和广谱杀菌剂灭菌，如75%百菌清可湿性粉剂800倍液或50%多菌灵可湿性粉剂1 000倍液。定植棚室适当通风换气，待无药味后即可准备定植。

(5) 定植技术 定植时根据健壮程度对幼苗进行分选与分级，淘汰劣苗，壮苗定植在温室的东西两侧和温室前部，弱苗定在温室中间部位。定植的适宜生理苗龄为3片真叶，采用大小行定植，定植密度为3 000～3 500株/亩。定植不要过深，以坨面与畦面持平为宜，定植后视土壤墒情浇灌定植水，滴灌6～8米^3/亩或沟灌10～15米^3/亩。

72. 缓苗期如何管理？

定植后进入缓苗阶段，一般5～7天幼苗即可缓苗成活，此阶段以温度管理和中耕松土为主。

在温度管理方面，以促为主。定植后少通风，保持较高的棚温，白天25～30℃，最高不超过35℃，当白天植株生长点部位最高温度达到35℃时可由顶风口放风降温（切不可放地脚风），待温度下降到30℃时再关闭风口；夜间放下草苫或保温被，使夜间温度保持在15～18℃。

在土壤管理方面，要注重中耕松土，缓苗期间浅中耕1～2次，以保墒、提高地温、促进缓苗，中耕深度5厘米左右。

5～7天后，当幼苗心叶生长、有白色新根出现，表示缓苗成功，此时若土壤出现缺水状可小浇1次缓苗水，滴灌3～4米^3/亩或沟灌5～7米^3/亩。

73. 蹲苗期如何管理？

从黄瓜缓苗后至根瓜坐住为黄瓜蹲苗期，在此期间管理要点如下：

（1）覆盖地膜 在黄瓜抽蔓前可采用掏苗方式或两块地膜拼接方式进行地膜覆盖，地膜覆盖形式有全膜覆盖和栽培畦覆盖，不论哪种覆盖方式都要将定植孔用土封严。采用栽培畦覆盖的，要将地膜的边缘压实封严，采用瓦垄畦膜下暗灌方式栽培的，最好在膜下每隔1.5米左右支起1个小拱架，便于提高地温和后期的浇水操作。

（2）蹲苗促壮 通过适当降低夜间温度，中耕、少灌、保持土壤疏松、地表干燥的方式，促进根系的发育，抑制地上部生长，避免植株徒长。白天温度维持在25～28℃，夜间温度维持在13～15℃。若苗比较弱，可以采取二次蹲苗的方法，即控4～5天，促3～4天，再控4～5天。

（3）吊秧绕蔓 覆盖地膜后待秧苗生长到6～7片叶、生长点开始下垂时，要及时吊秧绕蔓。吊蔓绳上端系在横向铁丝上，下端系在黄瓜植株基部嫁接愈合处以下，绕植株两周系一个宽松活扣，然后将植株上部顺时针盘绕在吊绳上。吊秧绕蔓最好在晴天下午进行，吊蔓时顺便抹除嫁接砧木上萌发的幼芽、去除卷须及侧枝与5节以下的雌花。如果后期采用移位落秧植株调整方式的地块，可应用落蔓钩吊秧。

（4）水肥管理 当根瓜坐住且瓜把开始变黑时，结合浇水每亩追施黄瓜专用冲施肥5～8千克或三元复合肥10～15千克。

74. 结果期的管理原则是什么？

从根瓜坐住到生产结束的时期为结果期。该时期生殖生长和营养生长同时进行，连续坐果持续采收，要加强田间管理，注重温度、光照、水分、气体、肥料等条件的调控，以平衡营养生长和生殖生长的关系，获取高产和高效。由于冬春茬生产的结果期跨越冬春夏三季，因此在田间管理上要针对不同时期的特点进行分段管理。

(1) 冬前管理（大雪之前，即 12 月上旬之前） 日光温室越冬黄瓜生产，由于定植初期尚处于温度、光照适宜的季节，黄瓜生长发育较快，在适龄苗定植的前提下（日历苗龄 30～35 天，生理苗龄 3～4 片真叶展开），25～30 天即可采收根瓜，也就是说，在 10 月中下旬至 11 月上旬定植，那么在 11 月中旬至 12 月上旬即可开始采收，但为了防止植株生长量和采瓜量过大造成植株瘦弱而不利于抵抗冬季低温，在这一阶段的田间管理中，要以控为主，管理的目标是促进根系的生长，协调地上部、地下部的关系，协调好营养生长和生殖生长的平衡。

(2) 越冬管理（大雪至雨水，即 12 月中旬至翌年 2 月中旬） 这段时间是产量形成的第 1 个重要时期，同时上市期贯穿元旦、春节，产量和售价高，也是取得效益的关键时期，但该阶段是华北地区最为寒冷的季节，以北京为例，平均最低气温－8.9 ℃（1940—1972 年 33 年平均），因此为了达到黄瓜 25～32 ℃的光合作用适宜温度，在管理中所有的栽培措施都要围绕增温、保温来进行，同时兼顾水肥的合理供给。

(3) 春季管理（雨水至小满，即 2 月下旬至 5 月中旬） 2 月下旬开始，外界温度逐渐回升，以北京为例，旬均回升 2 ℃（1940—1972 年 33 年平均值），这一阶段是产量的高峰期，同时由于露地和塑料大棚蔬菜尚未上市或上市量较少（北方春淡季），产品价格仍然较高，也是获取高效益的重要时期，那么在田间管理上，要逐渐由高温管理转向适温管理，减缓植株老化速度，同时水肥管理频次也要逐渐增加，并注重钾肥的施用。

(4) 夏季管理（小满以后，即 5 月下旬至拉秧） 日光温室越冬茬黄瓜生产，在科学管理的前提下，采收期可延续到 8 月底，产品正好供应 7—9 月的夏淡季，仍能获得较好的效益。但从 5 月下旬之后，温光条件超出黄瓜正常生长发育所需，尤其是高温高湿会导致作物生长受抑、化瓜和病害发生，在该阶段要着重做好遮阳降温管理和水肥供给及病虫害防控。

75. 结果期温度如何管理？

黄瓜是典型的喜温性作物，生育适温为10～32℃。白天适温较高，为25～32℃，夜间适温较低，为15～18℃，适宜地温15～25℃。光合作用适温为25～32℃，温度达到32℃以上则黄瓜呼吸量增加，而净同化率下降；当35℃以上时，植株呼吸作用消耗高于光合产量；温度达到40℃以上时，光合作用急剧衰退，代谢机能受阻。

（1）冬前管理 实行亚高温管理，保持白天25～30℃，最高不超过32℃，前半夜温度保持15～20℃。

（2）越冬管理 高温管理是该阶段的核心，但白天温度也不宜过高，当35℃以上时，植株呼吸作用消耗高于光合产量，温度达到40℃以上时，光合作用急剧衰退，代谢机能受阻。为了能够使温室内积蓄更多的热量，白天温度上限值可提高到35℃，当生长点温度超过35℃时可由顶风口缓慢放风，当温度下降到35℃以下时再关闭风口；夜间前半夜保持15～20℃，后半夜10～15℃，地温保持15～25℃。

（3）春夏管理 前一阶段仍然要做好防寒保温工作，保持白天25～30℃，夜间不低于8℃；4月下旬，外界最低温度回升9℃（1940—1972年33年平均值），已经满足了黄瓜正常生长的温度需求，夜间保温被或草帘可不覆盖，但草帘不要急于卸下以防倒春寒；5月中旬后，温室风口在无雨天气条件下可昼夜开放。

76. 结果期光照如何管理？

光是植物进行光合作用不可缺少的能量来源，只有在一定强度的光照条件下，植物才能正常生长、开花和结实。黄瓜在瓜类作物中是比较耐弱光的（田间光饱和点为5.5万勒克斯，补偿点为1万勒克斯，最适宜的光照度为4万～6万勒克斯），但光照不足，会导致植株生长发育不良，从而引起化瓜现象，光照过强也会导致植株生长受抑。

（1）冬春季节管理

① 选用高透光棚膜。扣棚膜时，选用高透光率PO膜。PO膜是设施覆盖的理想材料，透光率比普通膜高10%左右。

② 保持棚膜清洁。棚膜在生产一段时间后由于积尘会导致透光率迅速下降，因此在生产过程中要经常打扫和擦洗。

③ 保持植株的合理布局。一是掌握合适的栽培密度，一般以3 000～3 500株为宜，密度过高会导致株间遮光；二是采用细绳吊蔓；三是采用南北畦大小行栽培，并进行南低北高的阶梯式落秧；四是及时摘除基部老叶、病叶，促进透光。

④ 应用反光幕。应用反光幕可有效改善光照，但不要悬挂在北墙（会阻碍墙体蓄热），可将反光膜悬挂在顶风口下方，一方面可增强室内光照，另一方面在顶风口放风时起到缓冲的作用。

⑤ 适时揭盖草苫或保温被。在保证温度的前提下，覆盖物尽量早揭晚盖，延长光照时间。

⑥ 人工补光。人工光源种类较多，常用的温室人工光源有LED灯、镝灯、白炽灯、钠灯等。由于人工补光成本相对较高，可以根据生产情况选用。

（2）高温季节管理　6月上旬以后，由于外界光照强、气温高，导致温室内温度往往会达到35 ℃以上，为了减缓高温强光的不利影响，应进行遮阳降温。

① 移动式遮阳网。应用遮光率50%的遮阳网，根据外界温度和光照情况适时进行遮阳降温，一般于晴天11:00—14:30覆盖，其余时间撤下。

② 利凉遮阳。应用新型遮阳降温涂料喷涂在棚膜上，起到

良好的遮阳降温效果。

77. 结果期水肥如何管理?

(1) 冬前管理 冬前期控制浇水和追肥，以促进根系向土壤深层生长，在根瓜膨大期可浇水追肥1次，水量控制在膜下暗灌20米^3/亩、滴灌10米^3/亩，结合灌溉追施专用冲施肥15千克/亩或尿素和硫酸钾各5～6千克、普通过磷酸钙10千克，此后10天1次。滴灌追肥则水量减为1/3，肥量减半。

(2) 越冬管理 参照天气情况进行水肥管理，选择晴天上午追肥浇水，一般15天左右灌溉1次，每次亩用水量25～30米^3，结合浇水追施高钾冲施肥15千克/亩，滴灌同上。浇水追肥后第2天清晨揭苫后放风15～20分钟，再关闭风口提温。

(3) 春季管理 随着温度的提升、光照的增强，植株生长量加大，作物对水肥的需求逐渐增强，浇水追肥频次要逐渐增加。在3月中旬至5月中旬期间，一般7～10天灌溉1次，每次亩用水量20米^3，结合浇水追施高钾冲施肥15千克/亩，滴灌同。

(4) 夏季管理 5月下旬以后，灌溉方式调整为小水勤浇，既满足作物生长对水分的需求，又可起到降低地温的作用，一般5～7天灌溉1次，每次亩用水量10～15米^3，结合浇水追施高钾冲施肥10千克/亩，滴灌同上。

78. 结果期还有哪些管理要点?

(1) 土壤管理 土壤管理的重点是中耕松土，中耕松土是黄瓜高产栽培中重要的一项农艺措施，既可保持地表疏松干燥、降低空气相对湿度，减少病害的发生，又可避免土壤板结，改善土壤的理化性状，增加土壤的透气性，促进根系的生长。一般要求在缓苗期和蹲苗期各中耕松土1～2次，其后最好每次浇水追肥之后均中耕松土1次。3月上旬，于大行间深中耕1次，结合中耕亩施入商品膨化鸡粪800～1 000千克/亩。

(2) 采收管理

① 采收技术。黄瓜属于食用幼嫩果实的蔬菜，采收时若瓜条过小会影响产量，如果采收过晚则瓜条果皮开始硬化，品质下降，同时也会影响植株和其他瓜条的生长，俗称坠秧。在适宜条件下，雌花从开放到采收，需8～10天，采瓜时间以清晨为宜，这时的黄瓜通过夜间的光合产物转化和运输，质脆味浓，同时含水量较为充足，商品性好。最好用剪刀来采收，将瓜柄紧贴着植株剪断，瓜条上保留瓜柄1.5～2.0厘米。

② 短期贮存。为了获得较好的销售收入，可在元旦、春节等节日前进行短期贮存，在节前再集中上市，可获得较好地的差价，取得较好的效益。

(3) 植株调整　该茬口黄瓜生育期长、生长量大，株高可达到10米以上，叶片量会达到100片以上，鉴于日光温室空间所限，要进行植株绕秧、落秧等管理。

① 绕秧。根据植株生长量一般7～10天绕秧1次，以避免生长点下弯，将吊绳通过每片叶柄与主茎连接处下端，顺时针螺旋缠绕植株。

② 落秧前后管理。落秧前后5天内不要浇水，落蔓后及时喷洒保护性杀菌剂，预防病害发生。基部老叶病叶、畸形瓜、侧枝的疏除等操作不要与落秧同时进行，最好在落秧前两天择晴天上午完成上述田间操作，这样有利于植株伤口的愈合。

③ 落秧时机。落秧时机要综合考虑植株长势和植株高度，综合把握，若植株有旺长态势，为了适当抑制营养生长，落秧时机可适当提前；若植株长势较弱，甚至有抑制生长态势，则可暂缓落秧。但无论何种情况，当植株生长点到达吊绳上端铁丝位置就要及时落秧。

④ 落秧时间。选择晴天下午进行，这段时间植株韧性较好，

以防造成植株损伤。

⑤ 落秧高度。每次落秧不要过低，落蔓后保持植株高度1.5～1.7米，维持功能叶片12～15片，并保证最下部叶片离地。落秧时应南侧稍低、北侧稍高，形成梯度，有利于植株接受阳光。

(4) 病虫害管理 温室冬春茬黄瓜的主要病虫害有霜霉病、灰霉病、白粉病、角斑病等，虫害有蚜虫、粉虱、蓟马等。在病虫害防控管理中，要贯彻“预防为主、综合防治”的植保方针，创造一个适合作物生长、不利于病虫发生危害的良好生态环境；优先采用生物防治技术，加强农用抗生素、微生物杀虫杀菌剂的开发利用，保护利用各种天敌昆虫，在必要时可进行化学药剂防治，但由于冬天棚室内温度低、湿度大，最好采用烟雾剂或粉尘剂进行病虫害防控。

专题三　日光温室秋冬茬栽培

79. 黄瓜日光温室秋冬茬的概念是什么？

黄瓜的日光温室秋冬茬栽培是指在日光温室中进行的夏末秋初播种定植、深冬（一般是1月初）结束生产的栽培茬口，是衔接大中拱棚秋延后和日光温室黄瓜冬春茬生产的茬口安排，是北方黄瓜周年供应的重要环节。

80. 本茬口的生产特点是什么？

日光温室秋冬茬黄瓜生产正处于苗期，此期高温强光、雨水较多，开花期后日照时数日渐缩短、光照度日渐减弱、外界气温日渐下降，总体上不适于黄瓜的生长发育和产量形成，一般产量较低，但由于盛果期正处于秋末至深冬，黄瓜价格较高，仍具有很好的生产效益。

81. 栽培品种要具有哪些突出特点？

本茬口由于昼夜温差日渐加大，棚室和外界空气相对湿度高，外界害虫向棚内迁移，利于病虫害的发生和蔓延，而且多数采用自根苗栽培，所以栽培品种在商品瓜条商品性适宜、节成性好的同时，要具有良好的抗病性。

82. 适宜本茬口生产的代表性品种有哪些？

适宜冬春茬生产的黄瓜品种均可应用于本茬栽培。

83. 如何培育健壮幼苗？

本茬口的播种期介于7月下旬至8月中旬，北方地区正处于高温强光长日照和多雨季节，以北京为例，7月下旬至8月中旬外界平均最高气温30.0～30.9℃（1940—1972年33年平均）、空气相对湿度77.7%～80.2%、日照时长13.5～14.5小时，同时也是蔬菜各种病虫害盛发时节，所以培育健壮的幼苗对于本茬生产至关重要。育苗时把握好以下几个要点。

（1）育苗场所　在具有良好遮阳通风、避雨和避免雨水倒灌的塑料大棚内播种育苗。

（2）育苗方式　采用基质嫁接育苗，采用插接法嫁接，砧木比接穗提前2～3天播种，二者播种前浸种催芽；基质采用50%多菌灵可湿性粉剂500倍液或75%百菌清可湿性粉剂500～600倍液消毒处理。

（3）水分管理　出苗期间保持基质相对含水量70%～75%，补水要在早晚进行。

(4) 接穗促雌 接穗2片子叶展平时，于傍晚时分用雾化效果好的喷雾器均匀喷施0.01%～0.02%的乙烯利1遍。

(5) 嫁接时机 当砧木第1片真叶5分钱硬币大小、接穗第1片真叶露尖时及时嫁接。

(6) 适宜苗龄 幼苗生理苗龄2～3片真叶、株高15厘米左右，日历苗龄20～25天，如果是自根苗，日历苗龄不要超过20天。

(7) 出苗准备 出苗前苗床集中喷施广谱杀菌剂，如75%百菌清可湿性粉剂800倍液或50%多菌灵可湿性粉剂1 000倍液，结合喷药，喷施0.2%磷酸二氢钾与0.2%尿素的混合液。

84. 移栽定植有哪些技术要点？

(1) 栽培畦式 根据灌溉方式选用适宜的栽培畦式。

(2) 定植密度 适当稀植，密度不宜超过3 500株/亩。

(3) 定植技术 定植时使用75%百菌清可湿性粉剂1 000倍液或25%嘧菌酯可湿性粉剂2 500～3 000倍液蘸根处理。

(4) 地膜覆盖 由于本茬口定植时温度高、光照强，所以地膜覆盖要推迟到抽蔓前，不要过早覆盖。

85. 定植后的管理要点有哪些？

(1) 药剂促雌 当秧苗3叶1心和5叶1心时，分别喷施0.01%的乙烯利1次。

(2) 温度管理 前期可以昼夜通风，避免棚室温度尤其是夜间温度过高造成秧苗徒长，当外界最低温度降到12 ℃时，夜间要关闭温室通风口，根据外界温度和棚室保温性能，适时加盖保温被以保持棚室白天25～35 ℃、夜间13～15 ℃。

(3) 肥水管理 定植后至根瓜膨大前，以控水为主；根瓜膨大期开始浇水追肥，根据土壤墒情，小雪节气之前 5～7 天浇水 1 次，隔次冲施过磷酸钙 10 千克、硝酸钾 5 千克、尿素 10 千克或专用冲施肥 10～15 千克；小雪节气之后视天气情况，一般 12～15 天浇水 1 次，随水带肥。

(4) 采收管理 根瓜不宜早摘，以防植株徒长。采收前期要及时采摘，以保持植株健壮长势。后期随着温度下降、光照减弱，果实发育速度减慢，应尽量延迟采收，因为随着时间的推移，黄瓜价格逐步攀升，有助于获取更好的经济效益。

专题四 日光温室春茬栽培

86. 黄瓜日光温室春茬的概念是什么？

黄瓜日光温室春茬栽培是指 11 月中下旬至翌年 1 月上旬播种育苗、深冬至早春（1 月中旬至 2 月下旬）定植、春季和夏季采收上市的种植茬口。各生产者可根据前茬作物情况和温室性能确定适宜的播种和定植时间，但要注意的是，本茬口盛瓜期与春季塑料大棚黄瓜重合度很高，根据春季黄瓜产品市场多年价格走势，日光温室春茬黄瓜越早采收上市越能获得较好的经济效益。

87. 栽培品种要具有哪些突出特点？

日光温室春茬黄瓜生产的设施内外环境特点与日光温室秋冬茬生产截然相反，开花期前低温、采收中后期高温强光且病虫害易发。市场特点是随着时间的推移，产品价格逐步下降。因此，选用品种时，既要考虑品种的商品性、丰产性，更要突出关注品种的抗病性和早熟性。

88. 适宜本茬口生产的代表性品种有哪些？

适宜本茬口栽培的品种较多，下面仅就北京地区生产应用列出几个品种以供生产者参考。只要早熟性较好，那么日光温室冬春茬栽培品种均可用于本茬生产。

（1）中农16 中国农业科学院蔬菜花卉研究所选育。该品种为早熟普通花型一代杂种，植株生长速度快，主蔓结瓜为主，春季栽培第1雌花始于主蔓第3～4节，瓜码较密。瓜条商品性及品质佳，长棒形，瓜长28～35厘米，瓜把3厘米，约为瓜长的1/10，瓜粗3.5厘米，心腔1.6厘米，小于瓜粗的1/2，瓜色深绿，有光泽，无黄色条纹，白刺、较密，瘤小，单瓜重200克左右，口感脆甜。熟性早，丰产性好。抗霜霉病、白粉病、枯萎病等多种病害。

（2）北农佳秀 北京市农业技术推广站选育。早中熟杂交一代，植株生长势强，叶片大，主蔓结瓜为主，瓜码密，回头瓜多，瓜条生长速度快。瓜条商品性极佳，瓜长棒形，腰瓜长30厘米左右，单瓜重200克左右，瓜条顺直，瓜色深绿一致，有光泽，瓜把短，心腔小，刺瘤适中。前期产量高，丰产性好。抗霜霉病、白粉病、枯萎病，耐低温弱光。

（3）中农大22 中国农业大学选育。植株生长势中等，叶片中等偏小，适宜密植；瓜码密，瓜条生长速度快，连续结瓜能力强，丰产能力强，产量高。瓜条长34厘米左右，密刺瘤、把短、瓜条直，畸形瓜少。耐低温弱光能力强，抗枯萎病，中抗霜霉病、白粉病，适宜温室冬春茬及塑料大棚春季栽培。

（4）中农大25 中国农业大学选育。植株长势强，分枝中等。主蔓结瓜为主，连续坐果能力强。口感脆甜，商品瓜率高，丰产优势明显。早春栽培第1雌花始于主蔓第5～7节，腰瓜长约35厘米，瓜把长小于瓜长的1/8，瓜粗3.4厘米左右，瓜色深绿，刺瘤密，白刺，瘤小，无棱，微纹。苗期接种鉴定显示高抗小西葫芦黄花叶病毒（ZYMV）、西瓜花叶病毒（WMV），抗角斑病、霜霉病、白粉病，中抗枯萎病、黄瓜花叶病毒（CMV）。

（5）博美 805　天津德瑞特种业有限公司选育。华北型杂交种，长势旺，茎秆粗壮，节间短且稳定，叶片中等大小。主蔓雌花节率中等，腰瓜长 33 厘米左右，瓜色油亮。

89. 如何培育健壮的幼苗？

各地由于温室性能和前茬作物的差异，播种时期较为宽泛，一般介于 11 月中下旬至翌年元月上旬播种育苗，但北方地区此阶段正处于深冬季节，由于低温寡照及降雪等外界条件的影响，秧苗生长发育缓慢、日历苗龄较长，培育健壮幼苗具有较大的难度，所以在育苗环节要突出把握好以下几个要点。

（1）育苗场所　北方地区育苗要在具有加温或应急加温条件的日光温室或现代化连栋温室内进行。

（2）育苗方式　散户育苗可采用营养钵育苗、穴盘基质育苗或压缩营养块育苗等方式，但切忌土方育苗；集约化育苗场采用穴盘基质育苗。

（3）播种时期　日光温室早春茬黄瓜适宜日历苗龄 35～40 天、生理苗龄 3～4 叶 1 心。可根据定植期倒推确定适宜播种期。

（4）苗期管理

① 播种后至嫁接前。浸种催芽后播种，从播种到出苗要求较高温度，保持白天 25～30 ℃、夜间 15～20 ℃、地温 18 ℃左右。幼苗出土后，立即揭去塑料薄膜，控制浇水，适当降低温度，白天保持 23～25 ℃、夜间 15～16 ℃。如基质含水量较少，可适当浇水，保证中午时子叶不萎蔫即可，空气湿度大时及时通风。

② 嫁接成活期管理。见问题 37 和 38，加强嫁接苗成活期管理。

③ 嫁接成活后至定植前。白天保持 22～25 ℃、夜间 10～15 ℃，保持苗床或基质见干见湿，每周叶面喷施或喷淋 0.1%～0.15%的育苗专用肥料或 0.2%磷酸二氢钾与 0.2%尿素的混合液。

④ 定植前秧苗锻炼。本茬口生产在定植前要进行幼苗的低温锻炼以提高幼苗低温耐受性，锻炼时间 7～10 天，温度逐渐下降到白天 15～20 ℃、夜间 8～10 ℃。出苗前苗床集中喷施广谱杀菌剂，如 75%百菌清可湿性粉剂 800 倍液或 50%多菌灵可湿性粉剂 1 000 倍液，结合喷药，喷施 0.2%磷酸二氢钾与 0.2%尿素的混合液。

90. 营养钵育苗如何配置营养土？

(1) 配制 营养土一般用园土、厩肥以及速效性化肥等配制，园土与厩肥的体积比为 2∶1，每立方米混匀的粪土中再加腐熟过筛细鸡粪 15 千克、三元复合肥 1.0～1.5 千克。园土要求 3～4 年内没有种植过瓜类蔬菜，质地疏松，透气性好，养分充足，保水保肥性强。厩肥要求充分腐熟，以牛马粪为好，由于它含有较多的粗纤维，使用后可以较好地改善土壤的透气性。园土和厩肥在使用前都要过筛，去除其中的大块颗粒和草屑等杂物。

(2) 消毒 营养土混匀后，平摊展开，均匀喷淋 50%多菌灵可湿性粉剂 500 倍液，混合均匀攒堆覆盖农膜以消毒，装钵前摊开散味。

91. 地热线育苗如何操作？

(1) 做畦 温室跨度 8 米以上，可在中间留出 40～50 厘米的东西向过道，跨度 8 米以下可不留中间过道。再做成长

6.5 米、宽 1.2 米的南北向育苗畦，畦梗宽 30 厘米、高 15 厘米，搂平畦面，踏实畦面畦梗。

(2) 布线 “几”字形布线，间距 10 厘米左右，边行线距离缩小 2～3 厘米，中间行线距放大 2～4 厘米，地热线拉紧拉直，后覆盖细土 2 厘米，踏实踏平，铺 1 层地膜。温度控制仪及主线路安装请咨询电工。注意不要把电热线绕在木棍上，线不要弯曲、打卷或与邻近线靠在一起，以免因缠绕发热烧坏绝缘层而漏电，再者电热线不能加长或截短。每平方米苗床所需功率（功率密度）80～100 瓦。

(3) 温度设定 播种前 1～2 天接通电源提升地温。出苗前设定温度 30 ℃，出苗后调至 20 ℃，嫁接后成活期间调至 25～30 ℃，成活后调至 20 ℃，炼苗期间关闭。

(4) 其他 为了阻止热量向地下传导，可于布线之前于畦内铺一层草帘，草帘上均匀覆土 5 厘米左右整平踏实，再布线。

92. 本茬生产的定植环节要注意哪些要点?

(1) 整地做畦 定植前 10～15 天，做好定植前准备工作，然后封闭棚室，提升棚室内气温和地温。准备工作包括棚室修缮、清洁田园、整地施肥、起垄做畦和棚室消毒等。

(2) 地膜覆盖 由于本茬口生产的棚室内外环境特点与冬春茬生产截然相反，故此应在定植前 5～7 天覆盖地膜以提高地温，并浇足底水。

(3) 秧苗准备 定植前 7～10 天通过逐步降低育苗场所的昼夜温度进行幼苗锻炼以提高秧苗对低温的耐受性，温度逐渐下降到白天 15～20 ℃、夜间 8～10 ℃。定植前 1～2 天进行秧苗筛选、淘汰劣苗，剔除嫁接砧木滋生出的幼芽。苗床集中喷施广谱杀菌剂，如 75%百菌清可湿性粉剂 800 倍液或 50%多菌灵可湿性粉剂 1 000 倍液，喷施 0.2%磷酸二氢钾与 0.2%尿素的混合液。

(4) 定植时间 满足春茬黄瓜定植的棚室温度指标是最低气温8℃、最低地温12℃(10厘米),每天日出前进行监测,监测位点距离温室前底角1.5米位置,连续5天达到上述温度指标即可定植,定植选择晴天上午进行。

(5) 定植技术 本茬生产为了避免定植水造成地温下降,建议采用暗水或水稳苗的方法定植。定植日前几天可于定植温室内放置一大型容器(如通或缸等)进行定植水的晾晒。定植时,按栽植株距(一般25~29厘米)破膜挖定植穴,破膜采用利刃十字破膜法,之后从晾晒容器中取水浇灌,待水还未渗完时,将苗坨稳于泥水中,水渗完后回土覆穴,并同时将地膜开口处用土封严。

93. 温室春茬黄瓜定植后管理有哪些要点?

(1) 缓苗期管理 定植后一周内要保持棚室气温白天25~32℃、夜间不低于20℃,促进缓苗。幼苗恢复生长后轻浇1次缓苗水,并于大行间松土1次。

(2) 蹲苗期管理 白天温度维持在25~28℃,夜间温度维持在13~15℃,控制灌水、加强中耕松土,直至根瓜坐住,其间及时吊蔓绕秧,疏除5节以下所有侧枝和雌雄花。

(3) 采收期管理

① 温度管理。根瓜坐住后提高棚室温度,白天28~32℃、夜间13~15℃。当外界最低温度达到10℃时,夜间可不盖保温被;当外界最低温度达到15℃时,视白天天气情况可不再关闭风口而昼夜通风;当棚室内出现35℃高温时,要于中午高温时段回苫,后期采用遮阳网覆盖等方式降温。

② 水肥管理。根瓜坐住后开始浇水追肥,前期10天左右1次,随水追施尿素与磷酸氢二铵10~15千克/亩或专用冲施肥

8～10千克/亩；后期5～7天灌溉1次，隔次追肥。

③ 植株管理。及时绕秧落蔓，疏除畸形瓜、老叶病叶、雄花、卷须等，10片叶以上侧枝可留瓜，侧枝于雌花前留1叶掐心。

④ 二氧化碳施肥。加强二氧化碳施肥，白天二氧化碳浓度达到800～1 000毫升/米^{3}更有利于产量的提高。

专题五　塑料大棚春季黄瓜栽培

94. 栽培品种要具有哪些突出特点？

春季塑料大棚栽培的环境特点是前期低温且温度波动大，后期高温强光。产品市场特点是越早采收上市越能获得较好的收益，随着时间的推移，黄瓜价格逐渐下跌。因此，在选择品种时，在突出品种抗病、丰产性状的同时，更要注重良种的早熟性。

95. 适宜本茬口生产的代表性品种有哪些？

适宜本茬口栽培的品种较多，下面仅就北京地区生产应用列出几个品种以供生产者参考。日光温室春茬栽培品种均可用于本茬生产。

(1) 密刺型品种

① 中农12。中国农业科学院蔬菜花卉研究所选育的中早熟普通花型一代杂种。植株生长健壮，分枝中等。以主蔓结瓜为主，第1雌花始于主蔓第7～8节，每隔2～3片叶出现1～2个雌花，瓜码较密。瓜条长棒形，瓜长25～33厘米，瓜把短，瓜色深绿，有光泽，无黄色条纹，刺瘤中等、白刺，单瓜重150克，口感脆甜。商品性及品质均好。

② 金胚99。北京中研惠农种业有限公司育成。植株长势旺盛，耐低温弱光性好。膨化瓜速度快，瓜码密，节成性好。瓜条顺直，瓜长35厘米左右，抗病、高产。

③ 春棚5号。北京市农业技术推广站与北京北农种业有限公司联合选育的杂交一代黄瓜品种，2012年通过品种鉴定。该品种植株生长势强，叶片较大，节间短，第1雌花节位在第3叶节左右，春季栽培雌花节率70%以上，前期产量高。商品瓜长34厘米左右，单瓜重240克左右，瓜条长棒形、顺直，刺密瘤小、微棱，果皮亮、深绿色，瓜把短。果实维生素C含量较高，商品性及口感好。节成性高，连续坐瓜能力强，2011—2012年春大棚生产试验平均亩产6 000千克以上，丰产性好。田间生产试验表现对霜霉病、白粉病及枯萎病抗性较强。适宜春季塑料大棚及日光温室冬春茬栽培。

④ 寒秀3-6。该品种是一代杂交种，耐低温优势明显、长势强，不封顶。以主蔓结瓜为主，株型紧凑，叶片中等，早熟性好，瓜条顺直，长35～40厘米。把短，刺密、肉厚心腔小，皮深绿色，有光泽、品质极佳。抗早衰，高抗霜霉病、枯萎病、角斑病、靶斑病，亩产25 000千克左右，是越冬温室及早春大棚栽培的最优良品种。

⑤ 博美608。天津德瑞特种业有限公司选育的华北型杂交一代黄瓜品种。强雌性，多数为一叶一瓜，成瓜快。瓜条整齐，把粗短，条直，腰瓜长30厘米左右，密刺型，颜色深绿油亮，绿瓤。植株生长势强，株型紧凑，主蔓结瓜为主，具有连续结瓜能力。

⑥ 德瑞特620。天津德瑞特种业有限公司选育的华北型杂交一代黄瓜品种。株型紧凑，长势强，叶片中等厚实，颜色黑绿，节间适中稳定。主蔓结瓜，强雌性，瓜码密，连续结瓜能力强，返头能力强。腰瓜长36厘米左右，瓜条顺直、整齐，短把，密刺，颜色均匀油亮，性状稳定。

(2) 水果型品种

① 戴安娜。北京北农种业有限公司推出的一代杂交种。长势旺盛，瓜码密，结瓜数量多。果实墨绿色，微有棱，无刺无瘤，长14～16厘米，粗2.5厘米，口感好。抗病性强，适宜在晚秋、冬季和早春等季节在设施种植。

② 戴多星。荷兰瑞克斯旺种苗集团公司品种。生长势中等，植株开展度大，纯雌性，以主蔓结瓜为主，瓜码密，每节1～2个瓜，瓜长12～16厘米，无棱无刺，果皮绿色有光泽，品质好。抗黄瓜花叶病毒病，耐霜霉病、病毒病和白粉病。

③ 金童、玉女：北京北农三益黄瓜生态育种科技中心、北京现代农夫种苗科技有限公司品种。极早熟，强雌性，连续坐瓜能力强，瓜条膨大速度快，每节1～2个瓜，果实均为椭圆形，光滑无刺有光泽，金童呈绿色，玉女呈乳白色，适宜商品瓜规格为瓜长4～5厘米、单瓜重30克。

④ 京研旱宝5号。京研益农（北京）种业科技有限公司品种，旱黄瓜一代杂种。生长势强、强雌性型，瓜条筒形、长15～17厘米，果皮浅绿色、有光泽、具小刺瘤，瓜肉淡绿色，抗霜霉病，中抗白粉病、耐低温弱光。

⑤ 中农19。中国农业科学院蔬菜花卉研究所选育的雌性一代杂种，极早熟，长势和分枝性极强，顶端优势突出，节间短粗。第1雌花始于主蔓1～2节，其后节节为雌花，连续坐果能力强。瓜条短筒形、无花纹，果皮光滑亮绿，瓜长15～20厘米，单瓜重100克左右，口感脆甜，抗枯萎病、黑星病、霜霉病和白粉病，耐低温弱光能力强。

⑥ 京研绿玲珑。北京市农林科学院蔬菜研究中心育成。华南型杂交一代品种，早熟，生长势较强、不易早衰，主侧蔓结瓜型，瓜条顺直、膨瓜速度快，瓜长16厘米左右，果皮白绿色、刺瘤适中，肉色浅绿，风味浓，肉质脆，综合抗病性强，耐热性好。

⑦ 京研绿精灵12。北京市农林科学院蔬菜研究中心育成的

超短型无刺水果黄瓜杂交一代品种。早熟、强雌型，生长势较强，不易早衰，主侧蔓均可结瓜，瓜条发育速度快，瓜长 10～12 厘米，皮色亮绿、风味浓、肉质脆。抗病性较强。

⑧ 京研迷你 2 号。北京市农林科学院蔬菜研究中心育成的全雌性一代杂种。生长势强，耐低温、弱光，瓜长 13 厘米，果皮光滑亮绿、无刺瘤，抗霜霉病、白粉病。

⑨ 京研玉甜 156。国家蔬菜工程技术研究中心选育出的翠绿色白迷你水果黄瓜。早熟，生长势强，全雌，瓜条短筒形，瓜皮白绿色，长 12～15 厘米，有小黑刺，瓜肉淡绿色，味甜浓厚，生食品质佳。综合抗病能力强，耐低温弱光。

⑩ 白贵妃。北京北农种业有限公司选育的全雌性无刺型黄瓜一代杂交种。植株生长整齐健壮，节间短，每节可坐瓜，瓜表皮为白色，瓜长约 15 厘米，直径约 2.5 厘米，瓜条圆柱形，无刺、无瘤，易清洗，口感甜脆，清香爽口，品质极佳，适宜生食。较耐低温、弱光的栽培条件，抗病性较强。

96. 播种期与定植期怎么安排呢?

华北地区春季塑料大棚黄瓜定植时间一般为 3 月中旬至 4 月初，秧苗适宜生理苗龄 3～4 片叶，株高 15 厘米，下胚轴基部粗 0.5 厘米，日历苗龄 35～40 天，根据定植期按日历苗龄向前推算，即为适宜的播种期。

97. 播种育苗要注意哪些环节?

一是在具有应急加温条件温室内播种育苗，最好配备电热温床。

二是采用嫁接技术培育壮苗。

三是采用营养钵或 32～50 孔穴盘育苗。

四是定植前 10 天左右开始逐步低温炼苗。白天温度逐渐降低到 18～20 ℃，夜间温度逐渐降低到 8～10 ℃，同时控制浇水，苗床/苗坨土壤含水量可控制在 20%。炼苗时应注意气温和地温不能骤然降低到目标温度，要循序渐进，长期过低的气温和地温，不但达不到炼苗效果，反而会影响根系的生理机能，易出现花打顶、小老苗等现象。

98. 安全定植有哪些指标要求？

定植期的早晚直接影响着前期和整体的产量效益，采收上市越早越能获得好的效益。但是不能盲目提早，春大棚黄瓜定植要求棚内 10 厘米地温稳定在 12 ℃以上、最低气温稳定在 5 ℃以上，定植时棚内温度环境不能低于这两项指标。

99. 什么是多重覆盖提早定植技术？

多重覆盖提早定植是指在春季塑料大棚果类蔬菜生产中，为了产品提早采收上市，通过综合运用覆盖地膜、小拱棚、二层幕、大棚外覆盖等措施，使塑料大棚环境尽早达到果类蔬菜安全定植的指标要求的管理技术。

100. 春大棚黄瓜多重覆盖提早定植技术流程是怎样的？

(1) 提前 20 天扣膜封棚 在定植前 20 天，将大棚硬件工作准备好，扣好棚膜，田间清理干净，并均匀撒施充分腐熟的有机肥，有机肥的施用最好采用撒施和沟施相结合的方法，即先将有机肥总量的 2/3 均匀撒施地表，其余 1/3 待做畦时沟施畦底，注意有机肥用量要充足，这是高产的基础，根据几年的高产示范点经验分析，以 10 米^3/亩为宜。有机肥铺好后，将棚封严以提高地温、提温化冻。

(2) 提前10天整地做畦 在定植前10天进行整地做畦，土壤深翻35厘米以上，并整平耙细、起垄做畦。结合做畦沟施入余下的1/3有机肥（3米^{3}左右），同时沟施复合肥70千克/亩。在畦式的选择上，建议采用瓦垄畦，畦高15～20厘米、大沟宽80厘米、小沟宽50厘米，并扣好地膜。

(3) 提前7天造墒提温 定植前7天，于大行、小行间浇足水，一是为了减少定植时的浇水量，避免降低地温而影响缓苗；二是为了利用水热容量较大的特性提高地温，维持温度的稳定。之后继续封棚提温。

(4) 提前两天多重覆盖 定植前两天，搭好二层幕，二层幕要选用流滴性能好的薄膜，厚度一般为0.014毫米，并准备好插小拱棚的细竹竿或其他拱架材料和地膜。之后继续封棚提温。

(5) 定植后夜间保温 定植后夜间在大棚周围围挡一圈草苫，棚顶外侧覆盖一层无纺布或遮阳网。

101. 黄瓜定植有哪些技术细节？

(1) 畦向畦式 沿大棚延长方向起垄做畦，畦式可采用瓦垄畦或小高畦。

(2) 秧苗准备 幼苗要经过低温锻炼，定植前进行秧苗筛选，淘汰劣苗，剔除嫁接砧木滋生出的幼芽，苗床喷施广谱杀菌剂及杀虫剂集中防控一次病虫害。

(3) 定植技术 选择晴天上午采用暗水或水稳苗的方法定植，亩栽植密度3 500～4 000株。

102. 如何应对倒春寒？

除采用多重覆盖措施外，还可应用临时应急增温的办法避免倒春寒对已定植幼苗的影响，下面介绍一种应急增温产品热宝及其使用方法。

（1）产品介绍 热宝是一种节能环保的应急增温产品，由北京市农业技术推广站2012年引进北京，产品呈圆柱状，形似蜂窝煤，由木屑和石蜡压制而成。产品直径10厘米、高5.5厘米，每块重量300克，纵向均布5个通风孔。燃烧时略有蜡烛的味道，正确使用不会沤烟，对人和作物安全。

（2）操作流程

① 均匀布点。于温室内北侧东西走道上均匀布点，一般50米长的棚室可布3处（每处2块，可燃50分钟）或6处（每处1块，可燃35分钟），每处需用红砖2块，使红砖侧立，间距7～8厘米（以保证通风），将配套的筛网放于砖上。

② 点燃热宝。单块使用时，手持热宝顺时针倾斜45°角，用打火机燃烤中间通风孔边缘，30秒左右即可点燃。点燃后，使火苗向上，将热宝放在支撑筛网上即可。使用2块时，先将1块置于筛网之上，待另一块点燃后，将其放在第1块之上，放的同时保证上下2块通风口对正。

（3）使用时间和次数 低温时期，22:00和3:00使用2次，若棚室白天最高温度10℃以下，也可于上午再应用1次。

（4）注意事项

① 点燃后远离易燃物，切勿置于前底角使用，因为燃烧时候火苗会达到60多厘米高，很容易灼烧棚膜。

② 不要距离植株过近，以防烤伤或烧伤植株，不要在行间使用。

③ 放置时要保证燃烧面向上，并且一定要架设筛网，以促进热宝充分燃烧，以防产生浓烟。

103. 缓苗期如何管理？

见问题72，加强缓苗期管理，促进秧苗成活。

104. 蹲苗期如何管理?

(1) 温度管理 蹲苗期的温度管理要以控为主，防止温度过高，最好掌握在白天 25～30 ℃、夜间 15～13 ℃，若中午气温超过 30 ℃，由顶风口放风降温。

(2) 土壤管理 为了促进根系生长，蹲苗期间要中耕松土1～2次。

(3) 水肥管理 缓苗之后如果土壤干旱可以轻浇 1 次缓苗水，随后进入蹲苗期。待 70%植株的根瓜坐住后即可结束蹲苗，依墒情和植株长势决定是否浇坐瓜水。若墒情好，瓜秧长势强，可推迟到根瓜采收前浇水追肥；若土壤墒情差，瓜秧长势弱，应及时浇根瓜水，并结合浇水每亩冲施速效性肥料 10 千克。在根瓜没有坐住之前切勿浇水追肥以防植株营养生长过旺而导致坐瓜困难。

(4) 及时吊蔓 本茬口生产生育期较长，黄瓜生长量较大，一般株高可达 10 米以上，在栽培中要经常性打底叶、盘蔓、落秧，因此不适合竹竿插架，而是要采用吊蔓方式栽培。可采用落蔓栽培专用落蔓器或落蔓夹吊蔓，提高劳动效率，缓解劳动强度，减轻落秧对植株的伤害。

105. 采收期如何管理?

采收期的田间管理重点要协调好温度、光照与黄瓜生长的关系，做好水肥管理和病虫害的防控（病虫害部分详见第六章）。下面以北京地区为例，分别详述华北地区的塑料大棚黄瓜采收期管理：

(1) 温度管理

① 低温时期。塑料大棚黄瓜生产的低温时期包括两个阶段，即早春（定植后至 5 月上旬）及晚秋（10 月中旬至拉秧），早春

阶段的特点是以低温为主，气温不稳定，但整体趋势是温度逐渐走高，晚秋阶段则是温度持续走低。在这两个阶段的温度管理以保温为主。

早春阶段：定植后密闭大棚提温，保持白天 30～35 ℃，夜间 15 ℃左右，最高温度不超过 35 ℃ 不放风，必要时要采用小拱棚、二层幕或棚周围挡草帘等措施保温；从缓苗到根瓜采收前的管理上，以促根壮秧为主，白天温度 25～30 ℃，夜间温度 10～13 ℃，地温 22 ℃；从根瓜采收至 5 月上旬，这个时期是瓜秧并进期，应该以长秧为主，白天温度可以高到 30 ℃左右。

晚秋阶段：10 月中旬后气温逐渐下降，要逐渐减少放风量，白天保持 25 ℃左右，夜间 15 ℃左右，外界温度低于 13 ℃时，夜间要关闭风口，同时可采用棚周围挡草帘、夜间棚外覆盖遮阳网等措施保温，尽量延长采收期。

② 适温时期。在塑料大棚生产中，适合黄瓜生长发育的黄金时期是 5 月中旬至 6 月底及 9 月上旬至 10 月上旬两个阶段，该时期温、光条件较为适宜黄瓜生长，是产量形成的关键阶段，温度管理上白天温度 27～32 ℃，超过 35 ℃放风，夜间温度控制在 15～18 ℃。当外界最低温度稳定通过 13 ℃后，在无雨天气条件下，棚室风口可昼夜开放。

③ 高温时期。7 月上旬至 8 月底是温度最高的阶段，以北京为例，外界平均气温 25.3 ℃，其中最高气温达 30.7 ℃（1951—1970 年 20 年平均），棚内最高温度往往超过 35 ℃甚至达到 40 ℃，所以在这一阶段温度管理的重点是降温，除棚顶扣膜外，四周敞开大通风，起到凉棚降温防雨作用，并采用移动式遮阳网于晴天 11:30—14:00 遮阳，或喷涂利凉涂料降温。采用小水勤浇的方式降低地温。

（2）光照管理 塑料大棚属于全光型保护设施，同时由于黄瓜生产栽培季节正处于光照充足阶段，在光照管理方面主要是高温强光季节的遮阳降温。一种方法是遮阳网覆盖降温，应用遮阳率50%的遮阳网，在晴天的12:00—14:30覆盖遮阳2小时，其余时间撤下，可降温2℃以上；另一种方法是利凉遮阳降温，利凉是专为解决温室大棚强光和高温问题而开发研制的产品。它可以被轻而易举地喷洒在温室大棚的外表面，形成极好的白色涂层，起到良好的遮阳降温效果，为作物提供理想的生长环境，较相同遮阳率的遮阳网降低棚室气温2℃左右，降低叶面温度1.5℃左右。利凉可以用在玻璃、塑料薄膜和阳光板上。操作时，先根据生产需要进行稀释，然后使用手动或自动喷雾机均匀喷洒在温室外表面上。根据不同的作物需求，一桶利凉可以应用于400～1 600米^{2}的大棚或温室。

(3) 水肥管理 黄瓜的营养生长与生殖生长并进时间长，产量高，需肥量大，喜肥但不耐肥，是典型的果蔬型瓜类作物。每1 000千克商品瓜需氮（N）2.8～3.2千克、磷（P_2O_5）1.2～1.8千克、钾（K_2O）3.3～4.4千克、钙2.9～3.9千克、镁0.6～0.8千克。生育前期养分需求量较小，氮、磷、钾的吸收量占全生育期总量不足10%。随着生育期的推进，养分吸收量显著增加，到结瓜期时达到吸收高峰。在结瓜盛期的20多天内，黄瓜吸收的氮、磷、钾量要分别占吸收总量的50%、47%和48%。到结瓜后期，生长速度减慢，养分吸收量减少，其中以氮、钾减少较明显。

① 春季管理。根瓜坐住后应及时浇水1次，并结合浇水，亩追施三元复合肥20千克。根瓜采收后一般每隔10天浇水追肥1次，每次亩追施高钾冲施肥15千克，膜下沟灌亩用水量25米^{3}左右。进入6月，浇水间隔缩短为5～7天，每次亩追施高钾冲施肥10千克，亩用水量15米^{3}左右，并于6月底结合深中耕于大行间亩埋施充分腐熟的商品鸡粪有机肥500千克。结瓜期要保持土壤湿润，浇水要注意应在采瓜前进行，阴天、下午、晚上或温度高的中午前后不宜浇水。

② 夏季管理。7月上旬至8月底是温度最高的阶段，水肥管

理的总体原则是小水勤浇，一般4～5天浇水1次，膜下沟灌每次亩用水量8～10米^3，隔次追施三元复合肥10千克、高钾冲施肥5千克。

（4）二氧化碳施肥 见问题56。

（5）叶面追肥 采收期间，每15天叶面喷施黄瓜专用叶面肥1次或0.3%～0.5%的磷酸二氢钾溶液（45～75克磷酸二氢钾溶于15千克水中）。

（6）土壤管理 加强中耕松土管理。

（7）植株调整 黄瓜属藤蔓性植物，自身不能直立生长，因此要插架或吊蔓栽培。同时由于该茬口黄瓜生育期长、生长量大，株高可达到10米以上，鉴于棚室空间所限，要进行植株调整落秧管理。

① 吊蔓栽培。采用落蔓夹或落蔓器进行尼龙绳吊蔓栽培。

② 落秧时间。落秧选择晴天下午进行，这段时间植株韧性较好，以防造成植株损伤。

③ 落秧高度。每次落秧不要过低，落蔓后保持植株高度1.7米左右，维持功能叶片15～17片。

④ 整枝打杈。在落秧的同时或落秧之前，将植株基部的老叶、病叶以及枝杈、畸形瓜等摘除。

⑤ 落秧后管理。落蔓后，喷施百菌清、多菌灵等广谱性药剂，以防病菌从受伤的茎蔓侵入。

专题六 塑料大棚秋季栽培

106. 适宜本茬口生产的代表性品种有哪些？

适宜本茬口栽培的品种较多，主要有：

（1）秋棚1号 中国农业大学育成。该品种生长较快，抗白粉病、霜霉病，对前期高温、后期低温适应性强。第1雌花着生于主蔓7～8节，瓜长30～35厘米，刺瘤中等。

（2）秋棚2号 中国农业大学育成。该品种生长势强、生长速度快，第1雌花着生于主蔓7～8节。平均瓜长32厘米，瓜把较长，刺瘤中等。抗霜霉病、中抗白粉病，果肉脆甜，对前期高温、后期低温适应性强。

（3）北京203 北京市农林科学院蔬菜研究中心选育。中早熟，适于春秋大棚种植。植株生长势中等，节间短，叶色深绿，叶片中等，以主蔓结瓜为主。抗霜霉病、白粉病。瓜长32～35厘米，深亮绿，刺瘤中等，瓜把短，质脆，浅绿色肉。

（4）北京204 北京市农林科学院蔬菜研究中心选育，适宜秋大棚种植。植株生长势弱，第1雌花始于主蔓8～9节。瓜条深绿色，刺瘤明显，瓜长31厘米左右，横径2.8厘米左右，单瓜重180克左右。抗霜霉病和白粉病。

（5）中农116 中国农业科学院蔬菜花卉研究所选育。早中熟，主蔓结果为主，瓜码较密。瓜色深绿，长28～35厘米，商品瓜率高。抗多种病害，丰产优势明显。适宜华东、华北等地春秋大棚及露地栽培。

（6）中农28 中国农业科学院蔬菜花卉研究所选育。早熟，优质。瓜色深绿，腰瓜长35厘米左右。综合抗病性好。适宜在华北、华东等地秋大棚及露地栽培。

（7）津绿1号 天津市绿丰园艺新技术开发有限公司育成的一代杂交种。其生长势较强。主蔓结瓜为主，秋季第1雌花节位5～6节，雌花节率33%，回头瓜多。瓜条顺直，瓜长35厘米左右，瓜深绿色，密生白刺、瘤明显，单瓜重250克左右，瓜把短，果肉浅绿色，质脆，味甜，品质优。抗病性强，高抗霜霉病、白粉病、角斑病和枯萎病。耐低温、弱光性好。

（8）津优12 天津科润黄瓜研究所育成的杂交一代黄瓜品种。植株生长势中等，主蔓结瓜为主，侧枝也具有结瓜能力。瓜条顺直，长棒状，长35厘米左右，单瓜重200克左右。商品性好，瓜色深绿，有光泽。瘤显著，密生白刺。果肉绿白色、质脆、味甜，对枯萎病、霜霉病、白粉病和黄瓜花叶病毒病的抗性强。

（9）德瑞特89　天津德瑞特种业有限公司育成的华北型黄瓜杂交一代品种。主蔓结瓜为主，主蔓雌花节率较高，畸形瓜少，瓜条好，瓜把短，连续结瓜能力强。腰瓜长35厘米左右，植株生长势强，节间短。

（10）秋美55　天津德瑞特种业有限公司育成的华北型黄瓜杂交一代品种。植株长势旺盛，节间稳定，瓜码密，中小叶片，叶色墨绿。腰瓜长37厘米左右，瓜条短棒状，粗短把密刺，刺瘤明显，瓜身匀称，瓜色深绿油亮，心腔细、果肉厚，果肉淡绿色。

（11）德瑞特721　天津德瑞特种业有限公司育成的华北型黄瓜杂交一代品种。植株生长势中等，叶片中等偏小，株型好，主蔓结瓜为主，瓜码适中，条生长速度快，连续结瓜能力强，丰产能力强。腰瓜长34厘米左右，密刺，短把，瓜条直。

107. 播种期与定植期怎么安排呢？

为了便于苗期管理和节约籽种用量，普遍采用育苗移栽的方式。华北地区黄瓜塑料大棚秋季延后栽培适宜的定植时间为7月下旬至8月初，按照日历苗龄20天向前推算确定适宜的播种期。

108. 如何培育健壮的幼苗？

本茬口的育苗期正处于高温强光长日照、雨水多、病虫害频发的季节，所以培育壮苗难度较大，广大生产者在育苗过程中要充分关注以下技术要点。

（1）育苗场所　在具有良好遮阳通风、避雨和避免雨水倒灌的塑料大棚内播种育苗，防止雨水倒灌淹没育苗床。

（2）育苗方式 采用基质穴盘育苗，穴盘规格 50～72 孔，基质装盘前采用 50%多菌灵可湿性粉剂 500 倍液或 75%百菌清可湿性粉剂 500～600 倍液消毒处理。

（3）籽种处理 用多效唑浸种 3～4 小时，稍晾干便于播种，播种后浇透水，出苗期间保持基质相对含水量70%～75%，补水要在早晚进行。

（4）幼苗促雌 1 叶 1 心和 2 叶 1 心时，于傍晚时分用雾化效果好的喷雾器均匀喷施 0.01%～0.02%的乙烯利 1 遍。

109. 秋大棚黄瓜生产定植环节要注意哪些要点？

（1）清洁田园 整地施肥前首先要清洁田园，清除前茬作物的残根败叶和杂草，减轻病虫害的发生。

（2）整地施肥 基肥以充分腐熟的有机肥或商品有机肥为主，每亩地撒施充分腐熟的有机肥 7 米^3 或商品有机肥 1 500 千克。结合施肥，深翻土地 25～30 厘米，肥、土混和均匀，整细耙平，做成栽培畦。在施用有机肥的基础上，沟施硫酸钾 30 千克/亩及磷酸氢二铵 20 千克/亩。

（3）做畦打垄 采用瓦垄畦栽培，畦向东西，便于行间通风。瓦垄畦上口宽 60 厘米，下口宽 40 厘米，沟深 15 厘米，畦间距 80 厘米。

（4）定植时间 选择傍晚时分移栽定植，栽后于小沟浇定植水 15～20 米^3/亩。

110. 定植初期如何管理？

（1）降温通风 苗期正值高温时节，应注意遮阳降温、加强通风。晴朗天气下采用移动式遮阳网遮阳降温，于 11:00—15:00

覆盖降温；无雨天气打开顶风口的同时，大棚四周敞开通风；下雨时将大棚四周棚膜放下来，关闭顶风口，雨停后立即打开，并注意及时排水防涝，防止畦内积水，造成根系窒息而死，雨后天晴及时浇小水降温。

（2）查苗补苗 可在清晨或傍晚进行补苗，补苗时注意浇足水。

（3）科学浇水 注意控制幼苗徒长，苗期浇水次数不要过多，水量不要过大，见干见湿，浇水后及时中耕松土，于大行间用铁锹深挖30厘米，同时注意拔出杂草。

111. 如何分期管理？

（1）高温期 播种至9月上、中旬，黄瓜正处在幼苗期至根瓜共长阶段。此时高温多雨，除棚顶扣膜外，四周敞开大通风，起到凉棚降温防雨作用，下雨时可将薄膜放下来，雨停后立即打开，并注意及时排水防涝，防止畦内积水，造成根系窒息而死。雨后天晴及时浇水，起到凉爽灌溉的作用。根瓜坐住后追肥1次，亩追施尿素和复合肥各10千克或专用冲施肥5～8千克。

（2）适温期 9月上旬至10月上旬是秋延后大棚黄瓜生长旺盛时期，应注意白天通风换气，降低空气湿度，防止病害发生。注意加大昼夜温差，白天温度控制在28～32℃，夜间在15～18℃，夜间外界最低气温在12℃以上不关顶风口。进入结瓜期，肥水供应要充足，一般每次浇水都要施肥。施肥要以速效性的冲施肥为主，偏重钾肥的施用量。肥水管理的原则是：次数要多，数量要小，元素要全；禁止大水漫灌。每次每亩随水冲施40%含量的冲施肥10～15千克，10天左右1次，共施3～4次。

（3）低温期 进入10月中旬，温度急剧降低，管理以保温为主。同时要注意适当通风换气，防止棚内湿度过高造成病害蔓延。白天温度保持在25℃左右，夜间13℃左右。白天只开顶风口，不开边风，早关顶风口，维持适宜温度的时间越长越好，提高后期产量。外界最低气温下降到6℃时，黄瓜的生长减慢，对肥水的吸收量减少，为维持棚内温度，应控制浇水。结合病虫害防治可以进行叶面追肥，用0.5%的尿素加0.2%～0.3%的磷酸二氢钾或黄瓜专用叶面肥进行叶面追肥。

112. 秋大棚黄瓜生产如何植株调整？

秧苗生长发育到5～7片叶时，及时吊蔓或插架绑秧，10节以下侧枝全部摘除，其余侧枝可根据植株状况及主蔓挂瓜情况，及时摘除或者侧枝雌花前留1叶摘心。当植株叶片达到20片左右时，及时落蔓，采用落秧盘蔓整枝技术，每次落蔓不超过0.5米，使植株保持高度1.7～2.1米，维持功能叶片数15片左右，改善通风条件；或是摘心处理，待瓜秧长到25片叶左右时掐尖，大棚两侧空间较矮，瓜秧长到15～16片叶时掐尖，同时加强水肥管理，促进回头瓜产生。同时及时摘除卷须、雄花、畸形瓜及老病叶，减少养分的消耗。

专题七 两个典型茬口高产案例技术点评

案例Ⅰ 日光温室冬春茬黄瓜亩产26 654千克高产案例

113. “亩产26 654千克”高产案例的基本情况是怎样的？

在北京市农业技术推广站2009—2010年度日光温室越冬黄瓜高产示范与高产创建活动中，密云县（现为密云区）十里堡镇统军庄村李德成将自身种植经验与高产创建方案相结合，创造了26 654千克/亩的高产量，是高产示范点均产的2.25倍，是全市均产的4.56倍。

114. “亩产 26 654 千克”高产案例当年冬季气候条件如何?

2009 年秋冬季强冷空气活动频繁，降温幅度大、气温低、气温回升缓慢，日照大部分时段偏少。据北京气候中心统计，2009 年冬季（2009 年 12 月至 2010 年 2 月），北京平均气温 −3.6 ℃，比常年偏低 0.9 ℃。冬季 9 旬中，仅 1 月下旬和 2 月下旬气温偏高，其他 7 旬气温均偏低。日照大部分时段偏少，累计日照时数 468.2 小时，比常年同期（563.0 小时）偏少 16.8%；对设施生产影响最大的降温降雪过程出现在 1 月初，1 月 2、3 日降雪过程中，农区的积雪厚度平均达 20 厘米以上，且气温回升缓慢，直至 17 日最低气温才缓慢回升至 −10 ℃以上。

115. “亩产 26 654 千克”高产案例的日光温室结构是怎样的?

其用于越冬黄瓜生产的设施为砖混结构日光温室，骨架为镀锌钢管，架间距 50 厘米。温室长度 65 米，跨度 7.5 米，墙体（50 厘米砖墙外加 5 厘米厚的聚苯乙烯泡沫板和 5 厘米厚的石灰板）厚度 0.6 米，后墙高 2.8 米，脊高 3.6 米。后坡水平投影 1.6 米。前底脚内侧埋入 5 厘米厚、50 厘米深的聚苯乙烯泡沫板取代防寒沟。

技术点评：北方地区进行喜温果菜的越冬生产，温室合理的结构和良好的性能是安全生产的前提。该温室在结构上较为合理，其脊跨比（脊高与前屋面水平投影之比）为 0.61，前屋面平均采光角度为 31.4°，虽偏低于该地（N40°23′）合理采光时段屋面角（33.3°～33.5°），但在冬至日合理采光时段（10:00—14:00）太阳光线入射角介于 35°～38°，保证了前屋面良好的采光性能；该温室后坡仰角 26.6°，基本能够满足冬至前后阳光晒满后墙，但还应适当提高后坡仰角，可掌握在 35°～40°之间，确保整个冬季阳光晒满后墙和后坡；后坡长度 1.79 米，投影为跨度的 0.21 倍，能够起到良好的保温作用；同时墙体厚度 0.6 米、地埋 50 厘米聚苯乙烯泡沫板隔热，基本达到了北京冬季（12 月至翌年 2 月）最大冻土层的低限。

116. "亩产 26 654 千克"高产案例采用的哪种温室外覆盖材料？

该温室应用的透明覆盖材料为 PO 膜，保温外覆盖为加厚防水保温被（材质由内及外由棉布、针刺棉和防水布构成），新被厚度 8 厘米，密度 3 千克/米^2。

技术点评：前屋面是日光温室获取光能的通道，同时也是热量散失的主要结构，因此在前屋面角合理的同时，透明覆盖材料和保温外覆盖物对温室的温光性能具有显著的影响。该农户选用 PO 膜作为透明覆盖材料，该类型棚膜具有升温快、降温慢和光线透过率高等特点。有研究表明，PO 膜覆盖的温室透光率较 PE 膜高 4.5%～4.7%，温室日平均温度、最高温度、最低温度总体上比 PE 膜覆盖高 1 ℃左右，晴天可达 2 ℃以上。且 PO 膜的保温性能比加厚防水保温被致密性强，保温效果好，据监测，温室冬季最低温度较普通保温被平均提高 1.3 ℃。

117. "亩产 26 654 千克"高产案例的生产地块土壤养分怎样？

该温室已生产应用 7 年，耕层土壤为沙壤土，容重 1.26 克/厘米^3，田间持水量 30.6%，有机质含量 1.63%，全氮 1.35 克/千克、碱解氮 154.00 毫克/千克、有效磷 126.45 毫克/千克、速效钾 225.00 毫克/千克。

技术点评：该地块为 7 年的老菜田，由于常年有机肥的投入，土壤较为肥沃。根据《北京市土壤养分分等定级标准》，除了有机质含量为中等水平外，其他各项养分指标为极高水平，土壤综合养分指数 88，达到了高养分等级，这为高产奠定了基础。

118. "亩产 26 654 千克"高产案例应用了什么品种？

李德成选用的黄瓜品种是中荷 8 号，该品种生产中表现为耐低温弱光，植株长势旺盛，分枝中等，主蔓结瓜为主，第 1 雌花始于主蔓第 5 节，瓜条长度 32～35 厘米，瓜把短，刺密，瓜码密，连续节瓜能力强，商品瓜率高，抗白粉病、霜霉病。

技术点评：日光温室冬季栽培的环境特点是低温、弱光、通风不良、室内空气相对湿度高，因此选用的品种要耐低温弱光、抗病性强。北京地区日光温室越冬黄瓜生产中表现较好的品种还有津优 35、中农 26、金胚 98、津优 36、京研 108－2、中密 12 等密刺型黄瓜品种和戴多星、戴安娜、比萨等水果型黄瓜品种。

119. "亩产 26 654 千克"高产案例是如何培育的壮苗？

李德成应用的是嫁接育苗技术。接穗和砧木皆以地苗方式育苗，砧木选用黑籽南瓜，当砧木株高 5～7 厘米、下胚轴直径 0.5 厘米、接穗第 1 片真叶直径 3 厘米时，应用靠接法进行嫁接。

具体操作是：嫁接前 1～2 天，用喷壶适当喷水，除去叶面表面尘土，嫁接时先用刀片将砧木苗两子叶间的生长点切除，在子叶下方 0.5 厘米处与子叶着生方向垂直的一面上，呈 35°～40°角向下斜切一刀，深达胚轴直径的 2/3 处，切口长约 1 厘米。将黄瓜苗从苗床中拔起，在子叶下 1 厘米处，呈 25°～30°角向上斜切一刀，深达胚轴直径的 1/2～2/3 处，切口长约 1 厘米。将黄瓜苗与砧木苗的切口准确、迅速地插在一起，并用塑料夹夹牢固，使黄瓜子叶在南瓜子叶上面。

技术点评：嫁接育苗可以提高植株的抗逆性，增强抗病能力，延长生育期，从而达到增产增收的目的，已在京郊黄瓜生产中得到普遍应用，尤其是日光温室越冬栽培中。

在砧木方面，他选用了黑籽南瓜。黑籽南瓜原产于中美高原，1979 年发现于云南，故称云南黑籽南瓜。自 20 世纪 80 年代以来，广泛应用于黄瓜嫁接栽培。该砧木突出的特点是根系强大、抗枯萎病能力强、耐低温性好，但由于其下胚轴空腔形成较快、适嫁期较短以及嫁接后黄瓜瓜条果霜加重等缺点，在生产中逐渐被白籽南瓜和褐籽南瓜所取代。

黄瓜嫁接方式较多，生产中常用的有贴接法、顶芽斜插法和靠接法三种。李德成习惯应用靠接法，由于该种方法砧木和接穗为带根嫁接，不易失水萎蔫，成活率较高，嫁接后对管理要求不太严格，农民分散育苗一般多采用此法，但是由于接穗与砧木的结合位置较低，易产生不定根，同时接穗和砧木需要从育苗基质中拔出进行接合，后期接穗还需断根，比较烦琐费工，不适于规模化育苗应用。

健壮秧苗的培育是生产的基础，而李德成在育苗方式上是有待改进的。基质的容器（穴盘、营养钵）育苗已经得到了越来越多的应用，而地苗由于起苗时易造成根系损伤、秧苗易感染土传病虫害等原因已逐步被生产所淘汰。

120. “亩产 26 654 千克”高产案例是如何整地施肥的？

棚室上茬作物（叶菜）收获后清理田园，之后灌 1 次透水，地面见干时撒施鸡粪 10 米^3（折合 14.7 米^3/亩）、牛粪 15 米^3（折合 22.0 米^3/亩）、硫酸钾 50 千克（折合 73.3 千克/亩），在土壤消毒处理之后，深翻约 30 厘米，适当晾晒、碎土、整平后开沟做畦。开沟时先从温室西侧开始，每隔 0.7 米南北向挖 1 条深、宽各 40 厘米的沟，沟内均匀撒施鸡粪和牛粪各 5 米^3（折合 14.7 米^3/亩）、磷酸氢二铵和硫酸钾各 25 千克（折合 73.3 千克/亩）并回土混匀做畦，畦式为瓦垄畦，高 20 厘米、小行宽 40 厘米、大行宽 70 厘米。

技术点评：黄瓜的日光温室越冬生产具有生育期长、植株生长量大、黄瓜产量高和冬季低温等特点，在生产中要注重有机肥的使用，尤其是较为贫瘠的土壤。按照李德成 26 654 千克/亩的产量，理论上需氮、磷、钾总量 227 千克/亩，根据土壤养分检测，地块 20 厘米耕层含三要素（碱解氮、有效磷、有效钾）85 千克/亩，李德成生产中，施用有机肥 35 米^3（折合 51.3 米^3/亩）、化肥 100 千克（折合 146.5 千克/亩），折合纯养分（氮、五氧化二磷、氧化钾）183 千克/亩，已达到了理论所需总养分。可以看出，在土壤较为肥沃的情况下，其底肥用量明显偏大。笔者连续 5 年对北京地区日光温室越冬生产有机肥用量与产量的关系进行了调查（表 1），结果表明在亩用量 0～25 米^3 时，随着有

表 1　2008—2012 年北京日光温室越冬黄瓜基施有机肥与产量关系

用量范围（米^3/亩）	点次	棚室面积（亩）	有机肥平均用量（米^3/亩）	平均亩产（千克）	有机肥产出率（千克/米^3）
0～5	5	3.3	2.4	6 565.0	2 681.2
5.1～10	23	18.5	8.4	9 472.1	1 125.1
10.1～15	14	14.1	13.6	12 998.9	957.5
15.1～20	13	11.7	18.9	15 413.5	815.8
20.1～25	9	8.0	23.8	16 915.5	711.4
25.1～30	7	6.5	28.6	15 303.3	535.3
30 以上	7	5.6	34.4	18 576.3	540.5

机肥用量的增加，产量明显提升，当有机肥用量达到 20～25 米^3 时，产量达到最高，其后产量呈下降趋势，当亩用量达到 30 米^3 以上时，仍会进一步促进高产，但有机肥产出率显著下降，所以在日光温室越冬黄瓜生产中，有机肥用量以 20～25 米^3 为宜，不宜盲目加大有机肥投入。

黄瓜对总养分的需求，初瓜期占总需肥量的 10%左右，从李德成的土壤养分来看，土壤中碱解氮、有效磷、速效钾养分含量已足够黄瓜前期养分所需，没有必要增施大量的化肥底肥，在不考虑土壤养分的前提下，可基施化肥 70 千克/亩（复合肥 40 千克、磷酸二铵 20 千克、硫酸钾 10 千克）。

121. "亩产 26 654 千克"高产案例定植前做了土壤消毒吗？

上茬叶菜采收后浇了 1 次大水，随水冲杀虫剂（敌敌畏 5 瓶），撒施基肥和噻唑膦 3 袋、多菌灵（100 克）10 袋。土壤见干后，用耕耘机深耕碎土平整，用旧棚膜全部掩盖，封棚直至定植前 10 天，揭膜开棚放风，开沟做畦。定植前 2 天烟剂熏棚。

技术点评：前文述及，该温室已生产应用 7 年，由于连年生产，土壤中病原菌富集，在环境条件适宜时会引发病害，根区土壤微生物失衡、土壤理化性状恶化会导致地块生产能力下降，而在下茬生产前，对土壤进行消毒处理，能够有效杀灭土壤中的病原菌和害虫虫卵，减少生长期土传病虫害的发生。

土壤消毒技术商业化应用半个多世纪以来，已经成为国外广泛应用的一种高效土壤病虫草害防治技术，各种土壤消毒技术在国内也逐步得以应用，包括太阳能、蒸汽、热水、火焰等物理消毒技术，威百亩、多菌灵、百菌清、甲醛（福尔马林）等化学药剂消毒技术以及辣根素（主成分异硫氰酸烯丙酯）生物熏蒸技术等。土壤消毒技术的专业性较强，有些方法需要专用设备、有些方法要求具有严格的安全防护措施，需专业消毒公司操作。

122. “亩产 26 654 千克”高产案例定植时期是如何把握的？

本茬生产中，李德成于 2009 年 10 月 17 日播种接穗，10 月 21 日播种砧木，11 月 7 日嫁接，11 月 18 日定植，12 月 23 日开始采收，2010 年 8 月 8 日拉秧，采收期 222 天。株高 11.9 米，节间数 121，单株结瓜 56 条。

技术点评：适期播种与定植不仅决定着黄瓜采收上市的时间，而且对于黄瓜植株是否能够顺利越过严寒季节起着重要的作用。若播种育苗过早，嫁接秧苗培育正处于高温时期，不易形成壮苗，定植后冬前期生长量过大，易早衰，在严寒季节越冬困难；而定植过晚，定植期容易遭受低温寡照天气影响而不利缓苗。北京市农业技术推广站结合黄瓜生长发育特点及新发地市场十多年来黄瓜价格走势，在综合分析 2008—2012 年各示范点高产经验的基础上，提出北京郊区日光温室越冬黄瓜生产的适宜定植期为 10 月下旬至 11 月上旬，经实践和统计分析证明该推荐期是科学的。

123. “亩产 26 654 千克”高产案例地表覆盖环节是如何操作的？

本茬越冬黄瓜生产，李德成于 2009 年 11 月 18 日定植，12 月 10 日选用厚度 0.02 毫米的黑色地膜进行栽培畦的覆盖，并于大行沟间铺撒稻壳。

技术点评：地膜覆盖栽培是越冬日光温室喜温果菜生产的一

项关键技术措施，既可以起到抑草的作用，又可以提高地温、降低棚室空气湿度。但地膜的覆盖应结合栽培茬口具体的气候条件进行。本茬生产正处于日历的秋末冬初，而棚内正处于秋季，棚室内温光条件适宜黄瓜的生长发育，不存在着低地温影响黄瓜定植缓苗的问题，相反在定植时覆盖地膜还容易造成根系温度过高。同时由于覆盖地膜后土壤水分以虹吸作用上迁，不利于黄瓜根系的生长和发育。李德成充分注意到了这一点，于吊蔓前才进行地膜覆盖，但他在地膜种类的选择上有待商榷，黑色地膜能有效抑制杂草生长，但增温性能差。在冬季生产，地膜以无色透明地膜为好，对于提高土壤温度效果较为明显。同时为了降低棚室空气相对湿度，他还在大行沟间铺撒稻壳吸湿，值得借鉴和推广。

124.“亩产 26 654 千克”高产案例的棚室定植密度是多少？

李德成在生产中采用小高畦大小行方式定植，吊蔓栽培，大行距 80 厘米，小行距 30 厘米，株距 35 厘米，亩种植密度 3 463株。

技术点评：亩种植密度、单株结瓜数和单瓜重是形成群体产量的三个关键因素，低密度不易获得高产，但冬季温室栽培条件下光照条件本身不好，密度过高不利于通风透光，因此选择合适的栽培密度至关重要。通过连续 5 年北京地区日光温室越冬黄瓜栽培密度的调查（表 2），综合分析结果显示，3 000～3 500 株/亩为较适宜的密度范围，从调查样本来看，在 3 500 株/亩范围内，随着密度的增加产量提升明显，当 3 000～3 500 株/亩时达到最高产量，所以说 3 000～3 500 株/亩是该茬口黄瓜生产较为适宜的密度，当然高密度下也可获得高产，但对栽培技术水平要求更高。

表 2　2008—2012 年北京日光温室越冬黄瓜栽培密度调查情况

密度范围（株/亩）	点次	棚室面积（亩）	亩密度（株）	亩产（千克）	单株产量（千克）
4 001 以上	11	10.8	4 181.1	14 551.7	3.48
3 501～4 000	15	12.8	3 787.6	11 995.6	3.17
3 001～3 500	36	31.2	3 297.8	15 122.6	4.59
2 501～3 000	10	8.59	2 747.4	11 860.5	4.32
2 500 株以下	8	6.4	2 162.2	5 331.4	2.47

125. “亩产 26 654 千克”高产案例在棚室温度管理方面有何独到之处吗？

2009 年北京冬季气温偏低、降水偏多，2010 年 1 月最低气温连续 11 天处于－10 ℃以下，这是自 1978 年以来的首次。在 1 月 6 日出现了 40 年以来的极端最低温－16.7 ℃。在这样的气候条件下，李德成获得了冬季生产的成功并取得高产，他的主要做法是：

（1）选用设施结构相对合理的日光温室用于越冬生产（前已述及）

（2）温室保温技术落实到位　应用 PO 棚膜，选用加厚保温被，设置内置防寒沟，温室门口挂双层加厚门帘。

（3）应急增温技术　在温室南部 1/3 位置东西向拉设浴霸灯用以应急增温，设置间距 4 米，高度距植株生长点 50 厘米。

（4）经常擦洗棚膜　保持较好的透光率。

（5）日常管理精细化　①定植 3 天内高温闷棚，生长点温度控制上限 35 ℃；②定植 3 天后适当降温，白天室内温度达到 32 ℃打开顶风口放风，温度降到 25 ℃关风口，使早晨棚内温度达到 12～13 ℃，若早晨棚温高于 12～13 ℃，则同样天气下适当晚关风口，当早晨棚温低于 11～12 ℃，加盖保温被；③进入冬季，白天尽量提高棚温，生长点温度控制上限 35 ℃，温度进一步升高时中午短暂放风，下午 22～25 ℃放下保温被，确保早晨棚温不要低于 10 ℃，早晨棚温 13 ℃时及早放晨风；④利用晴天浇水后高温闷棚蓄热。

技术点评：加强温度管理是冬季温室黄瓜生产的关键环节，该示范户在这方面做得很到位，即便 2009—2010 年冬季是严冬，温室的温度效果也比较理想。据监测，冬季 9 旬中（2009 年 12 月至 2010 年 2 月）棚室最低气温均在 5 ℃以上，且 8 ℃以上的天数达到 87.8%，最低地温均在 13 ℃以上，有 81.2%的天数在 15 ℃以上。在最为严寒的 1 月，植株株高日均生长量 1.31 厘米，整个生产过程中没有出现严重的低温障碍。

126. “亩产 26 654 千克”高产案例的水肥管理经验也是大水大肥吗？

定植时浇透水，1 周后浇缓苗水，12 月 23 日开始采收，根瓜采收后 1 周即 12 月 30 日开始第 1 次随水追肥，之后视天气情况进行水分管理，基本原则是在连续 2～3 个晴天开始的上午进行浇水，整个生育期累计浇水 17 次（含定植水），用量 354 米^3（折合 506 米^3/亩）；追肥 13 次，棚施硫酸钾 110 千克（折合 157.1 千克/亩）、磷酸氢二铵 8 千克（折合 11.4 千克/亩）；

技术点评：黄瓜是水肥需求量较大的蔬菜作物，合理的管理策略和适宜投入量是获得高产的基础。在田间灌溉上，李德成能够根据该生产茬口的环境特点和黄瓜生长发育的水分需求进行水分管理，在灌溉时间的把握上，他是在阴天结束晴天开始进行灌溉，在灌溉频次上，为了避免频繁浇水对地温的影响，在 12 月至翌年2月北京最为寒冷的3个月里，每月仅灌溉1次，随着气温的回升，土壤蒸发和植株蒸腾量加大，灌溉频次逐渐加大到2～4次/月。在肥料管理方面，虽然李德成的肥料投入偏大，但在肥料施用策略上是较为科学与合理的：第一他认识到了有机肥对改良土壤和提高地温的作用，而重视有机肥的投入；第二是考虑到冬季灌溉次数少，而重视基肥的使用；第三是在追肥方面，重视钾肥的投入。

由于水肥管理策略较为合理，采取了膜下暗灌和行间覆盖及嫁接栽培等节水措施，在取得高产的同时，水肥生产效率也较高：平均每立方米水产出黄瓜52.7千克，每千克化肥（含基施化肥）产出黄瓜84.6千克，每立方米有机肥产出519.6千克。有研究表明，地膜覆盖可降低土壤蒸发量69.33%，秸秆覆盖可降低51.03%，嫁接栽培可提高水分的有效利用率，不同茬口嫁接黄瓜的蒸腾量比自根黄瓜的分别高4.0%～15.3%。

127. "亩产26 654千克"高产案例获取高产的管理经验还有哪些？

（1）中耕松土 中耕松土是黄瓜高产栽培中重要的一项农艺措施，可保持地表疏松干燥，降低空气相对湿度，减少病害的发生；可避免土壤板结，改善土壤的理化性状，增加土壤的透气性，促进根系的生长；可以提高土壤蓄热能力从而提高地温。李德成能够充分认识中耕松土的积极作用，并在生产中加以应用：为了促进缓苗，在定植后第4天（土壤见干时）进行第1次中耕；浇过缓苗水后进行第2次中耕，以促进根系生长；此后在生长中期（严寒冬季）还于大行间翻土深松至少1次。

（2）生根粉灌根 为了促进根系的健壮生长，李德成在采取嫁接育苗、中耕松土、缓苗后再扣膜等措施的同时，还结合缓苗水冲施生根粉灌根。

(3) 喷施叶面肥 在缓苗后喷施绿叶天使叶面肥，2天后喷施第2次。采收期结合植保喷药应用。

(4) 二氧化碳施肥 二氧化碳的浓度远远不能满足黄瓜生长发育的需要，同时由于冬季温度低，温室通气少，室内二氧化碳经常处于亏缺状态。为了补充棚室二氧化碳气体，李德成于黄瓜开花期在棚内悬挂吊袋式二氧化碳发生剂，悬挂于作物生长点上方0.5米，按“之”字形均匀吊挂，用量20袋（折合28袋/亩）。

(5) 植株管理

① 吊蔓。中耕覆膜后及时吊蔓，以防秧苗倒伏在地膜上灼伤。

② 整枝。疏除基部瓜纽，5节以下不留瓜；及时疏除侧枝，以主蔓结瓜为主；开花坐果期间商品瓜的采收要及时，注意疏除畸形瓜。

③ 落秧。当黄瓜生长到龙头（植株生长点）高于悬吊铁丝15～20厘米时，及时落秧绕蔓，以防龙头下垂（绕蔓时易折断），落秧前根据植株总体叶片量和叶片老化病害程度进行打叶操作，但一般保证植株具有15～16片叶。落秧在晴天10:00—15:00进行，此时植株茎蔓柔韧性好些，以避免折断。落秧时将吊绳上部松开，使黄瓜秧自上而下盘旋下落，落秧高度可因温室屋面高度和栽培条件而定，但不能一次性落得过低，要保证基部叶片离地。落秧结束后，集中喷1次50%多菌灵可湿性粉剂600倍液，可避免因操作时植株茎叶损伤或人为接触而侵染各种病害。

案例Ⅲ 塑料大棚长季节黄瓜亩产18 621千克高产案例

128. “亩产18 621千克”高产案例的基本情况是怎样的？

此高产案例由北京大兴区榆垡镇小黄垡村农户朱永龙创造。在北京市农业技术推广站2011年春季塑料大棚黄瓜高产示范与高产创建活动中，他将自身种植经验与高产创建方案相结合，亩产为 18 621 千克，达到了高产高效。

129. “亩产 18 621 千克”高产案例当年气候条件如何？

据北京市气候中心统计，2011 年度（2010 年 12 月至 2011 年 11 月）北京地区热量条件比较充足，水分条件接近常年，光照条件略差。其中年平均气温为 12.6 ℃，较常年偏高 0.7 ℃，比 2010 年偏高 0.9 ℃；年降水量为 601.6 毫米，比常年同期略偏多，比 2010 年偏多 20%；年日照时数为 2 479.3 小时，比常年偏少近 10%，比 2010 年偏多 10%。

春季全市平均气温 14.2 ℃，比常年同期偏高 1.1 ℃，比 2010 年偏高 2.4 ℃。与常年同期相比，季内各月气温分别偏高 1.7 ℃、0.6 ℃和 0.9 ℃；与 2010 年同期相比，3、4 月气温分别偏高 3.7 ℃和 3.8 ℃，5 月气温偏低 0.5 ℃。

夏季全市平均气温 26.1 ℃，比常年同期偏高 1.2 ℃，与 2010 年同期持平。与常年同期相比，季内 3 个月分别偏高 1.6 ℃、0.8 ℃和 1.2 ℃。与 2010 年同期相比，6 月偏高 1.4 ℃，7、8 月分别偏低 1.4 ℃和 0.1 ℃。

130. “亩产 18 621 千克”高产案例的塑料大棚结构是怎样的？

生产设施为南北走向的钢架大棚，棚长度 86 米，跨度 12 米，脊高 3 米，面积 1.55 亩，纵向 1 排水泥立柱，立柱间距 1 米，覆盖材料为聚乙烯长寿无滴棚膜，采用两片棚膜覆盖，棚顶两片棚膜对接处为顶风口。

技术点评：塑料大棚是以塑料薄膜为覆盖和围护材料的一种

全光型园艺设施，气温的日变化幅度较大，具有升温快、降温也快的特点，而剧烈的温度变化不利于作物的健康生长。塑料大棚的温度变化受外界环境影响明显，但一般来说棚体空间较大的棚室，其温度变化相对平缓。朱永龙所用生产棚占地面积 1.55 亩，是常规装配式镀锌钢管大棚面积（400 米^2）的 2.58 倍，空间较大，地表和棚内空气蓄热能力相对较强，所以温度的日变化相对平缓。从 2011 年 3 月 29 日 6:00 至 30 日 6:00 的温度监测数据来看，两棚最低温均出现在6:00，最高温出现在 12:00（棚内已定植黄瓜），3 月 29 日6:00—12:00，示范棚平均每小时升温 5.15 ℃，对照棚升温速率 5.92 ℃/小时，3 月 29 日 12:00 至 30 日 6:00，示范棚平均每小时降温 1.67 ℃，而对照棚为 1.83 ℃/小时。但在大棚建造施工中，要以棚体整体结构的安全性和耐久性为主，要充分考虑来自风雪、结构、悬吊作物等方面的荷载，不宜盲目加大棚体规格。

131. "亩产 18 621 千克"高产案例的生产地块土壤养分怎样？

该温室耕层土壤为沙壤土，pH 为 7.44，有机质含量 33.00 克/千克、全氮 1.72 克/千克、无机氮 115.00 毫克/千克、有效磷 217.90 毫克/千克、有效钾 476.00 毫克/千克。

技术点评：该地块由于常年有机肥的投入，土壤较为肥沃，根据《北京市土壤养分分等定级标准》，各项检测指标均达到极高水平，土壤综合养分指数 100，达到了极高等级，这为高产奠定了基础。

132. "亩产 18 621 千克"高产案例应用了什么品种？

接穗品种，朱永龙选用的黄瓜品种是寒秀 3－6，该品种早熟性好，瓜长35厘米左右，瓜把短、瓜条顺直、刺密、亮绿有光泽，肉厚心腔小，耐低温优势明显，丰产性强、抗病性好。

技术点评：春季塑料大棚在突出品种抗病、丰产的同时，更要注重品种的早熟性和耐低温特性，朱永龙选用的寒秀3-6黄瓜品种具有这些特性，生产适应性较强，北京地区塑料大棚春季黄瓜生产中表现较好的密刺型品种还有中农16、北农佳秀、中农大22、金胚98等。

砧木品种，该农户选用的是日本青秀，该品种的温度适应性强，既耐低温，又抗高温。根系发育好，抗枯萎病能力强，与黄瓜的嫁接亲和性好，嫁接后瓜条顺直、亮绿有光泽。

技术点评：黄瓜嫁接砧木主要是南瓜品种。生产上应用较广的有黑籽南瓜、白籽南瓜和褐/黄籽南瓜，不同的砧木种类具有不同的特性。日本青秀属褐/黄籽南瓜，对温度的适应性较强，多数品种在嫁接后能脱除黄瓜瓜条表面的果霜，使瓜条亮绿，比较适宜塑料大棚的春夏秋长季节生产。

133.“亩产18 621千克”高产案例是如何培育的壮苗？

（1）播种时期　本茬生产中，朱永龙2011年1月10日播种南瓜砧木，1月14日播种黄瓜接穗，育苗设施为加温日光温室。

技术点评：对于春大棚黄瓜生产来说，相较于总产量的高低，上市时间的早晚和能否抓住价格高峰期对菜农生产效益的贡献率更大些，越早上市，产品价格越高，越能获得较好的收益。播种期是影响黄瓜采收上市时期的重要参数之一。根据北京新发地市场多年黄瓜分旬批发价格走势分析，年度黄瓜批发价格在第2～5旬达到价格高峰期，从第5旬开始呈现持续下跌走势，在第15～17旬降到最低点，之后波动回弹。北京地区春大棚黄瓜常规生产的播种期一般在2月上旬，日历苗龄45

天左右，定植期在3月下中旬，第12旬开始采收上市。因此，为了能够提早上市、抓住黄瓜的价格高峰期，朱永龙的春大棚黄瓜定植期较早，相应的也将播种期适当提前，于1月中旬播种育苗。

(2) 种子处理 在播种前，朱永龙采用温汤浸种方式进行了种子的消毒处理，催芽后播种。

技术点评：温汤浸种是最方便、最经济的种子消毒处理措施，能有效防止黄瓜多种种传病害的发生。

(3) 育苗基质 接穗育苗采用商品基质平盘方式播种，砧木育苗采用自配营养土育苗钵（8厘米×8厘米）方式播种。自配营养土为过筛园土和草炭，比例为4∶1，每立方米营养土加入复合肥1千克、商品有机肥10千克、50%多菌灵可湿性粉剂100克混匀装钵。

技术点评：在育苗方式中，随着集约化育苗的发展，穴盘育苗逐渐占据了主导，但在春大棚黄瓜生产中，营养钵育苗仍是广大分散农户的主要育苗方式，因为该种方式更利于大龄壮苗的培育，可促进黄瓜的提早上市。在育苗基质方面，商品基质得到了越来越多的应用，但由于市场尚不成熟，质量参差不齐，在生产中要选用正规厂家的产品，并重点关注基质的一些技术指标。以往的研究表明，适宜的育苗基质应该具有重量轻、根系缠绕性好、富含营养、保水保肥性能好的特点，一般容重0.1～0.8克/厘米^3、总孔隙度60%以上、EC值<2.5毫西/厘米、pH为5.8～7.0。

(4) 嫁接育苗 朱永龙的砧木育苗采用营养钵方式，为了嫁接方便，他采用了贴接法进行嫁接。2月16日嫁接苗成活，成活率达到95%。

技术点评：嫁接可以增强抗病能力、提高水肥利用效率，增产增收效果明显，目前该项技术已在北京郊区黄瓜生产中得到了普遍应用，朱永龙将该项技术应用于本茬生产（塑料大棚黄瓜春夏秋长季节栽培），这是他获得高产的技术核心。黄瓜的嫁接方法较多，但目前常用的有如下3种：贴接法嫁接，技术相对简单、易于普及推广；插接法嫁接，技术难度相对较高，但嫁接流程较为快捷；靠接法嫁接，嫁接操作较为烦琐，但嫁接苗易于成活。在适用性方面，前两种方法既适用于集约化育苗，也适用于农户的分散育苗，而靠接法由于比较费工，已为集约化育苗所淘汰，但农户自行育苗尚有应用。

134. "亩产18 621千克"高产案例是如何整地施肥的？

(1) 冬耕冻垡 土壤结冻前，卸去大棚棚膜，清理田园进行深耕，耕后大水漫灌，在冬季冻垡。

技术点评：冬耕冻垡技术是农业生产一项重要的农艺措施，通过土壤的冻融，可以改善土壤物理性状、提高土壤的通透性和蓄水保肥能力，还可有效防治土传病虫害。冬耕冻垡技术的应用要注意到以下几点：一是时间尽量早，在上茬拉秧清洁田园后尽早进行冬耕，以加长晒垡冻垡时间；二是深度尽量深，黄瓜根系主要分布于表土下25厘米，其中10厘米更为密集，所以耕深最好达到10厘米以上；三是冻前需补水以提高冻融效果。

(2) 整地作畦 定植前20天，扣好棚膜，田间清理干净，将棚封严以提高地温、提温化冻；定植前10天，棚内均匀撒施充分腐熟的有机肥。朱永龙1.5亩地使用了混合有机肥（鸡粪、猪粪、羊粪）43米^3、复合肥100千克以及玉米面100千克作为底肥，基肥全部撒施。进行整地作畦，土壤深翻35厘米以上，并整平耙细、起垄作畦。畦式为小高畦，畦宽1.3米。

技术点评：根据黄瓜的养分需求，朱永龙18 621千克/亩的产量，理论上需三要素总量158千克/亩，根据土壤养分检测

(施用底肥后)，地块 15 厘米耕层含三要素（全氮、有效磷、有效钾）304 千克/亩。可以看出，朱永龙在生产中非常注意基肥的施用，但用量明显偏大，有机肥除了含有作物所需的养分之外，也有其他对作物生长不利的成分，动物粪便等由于饲料添加剂的残留会有一定含量的重金属，如锌、铜、砷等，可能使蔬菜产品中重金属含量过高，构成对食品安全和环境安全的威胁，所以在蔬菜生产中应该注意有机肥的安全适量施用，北京市农业技术推广站通过连续多年的生产调查与数据分析，认为 8～10 米^3/亩是春大棚黄瓜生产较为适宜的有机肥用量。

135. “亩产 18 621 千克”高产案例定植移栽环节做到了哪些要点？

(1) 蓄热提温　定植前 7 天，于大行、小行间大水漫灌，之后继续封棚蓄热；定植前 2 天，栽培畦覆盖透明地膜、搭好二层幕，二层幕选用流滴性能好的薄膜，并准备好插小拱棚的细竹竿和薄膜，封棚提温。

技术点评：黄瓜是喜温型作物，在春大棚生产中的定植指标要求低温稳定通过 12 ℃、最低气温稳定达到 5 ℃以上，而塑料大棚是全光型设施，土壤是唯一的蓄热载体。所以，为了提高大棚的温度、减少定植时的浇水量、避免降低地温而影响缓苗，朱永龙采取了提前整地做畦、造墒提温和覆盖地膜等措施，使白天太阳光能存贮于土壤，晚上土壤再放热以维持大棚空气温度的相对稳定。

(2) 低温炼苗　定植前 1 周左右，即 2 月 27 日，朱永龙进行了定植前的炼苗，首先是控制浇水，即秧苗不再补水，同时通过白天开风口、晚上取消加温两项措施降低育苗温室的昼夜温度，白天温度控制在 15～17 ℃、最高温度不超过 20 ℃，夜间最低温控制在 12 ℃，定植前 1 天苗床叶面喷施杀菌剂及叶面肥

(逆生杀菌剂 10 毫升、2%武夷菌素 15 克及美施乐叶面肥 5 克兑水 15 千克)。

技术点评：黄瓜属于典型的喜温蔬菜作物，要求高温高湿的气候条件，对低温的耐受性较差，所以在我国北方地区，定植前的低温炼苗是春季黄瓜生产的一项重要技术措施，以增强秧苗定植后对对低温不良环境的适应能力。

(3) 暗水移栽　他采用了畦上暗水穴栽技术，即在连续晴天的上午，根据既定株距在栽培畦上破膜挖定植穴、栽苗（大行距 90 厘米、小行距 40 厘米、株距 30 厘米），穴内回土一半固定秧苗，之后采用穴灌的方式浇水，待水渗下后覆土。

技术点评：外界天气状况是影响定植的关键因素，朱永龙在预计定植期关注天气情况，据天气预报该年份 3 月 2—10 日为连续晴天，所以他在 3 月 5 日定植，定植前大水造墒，定植时点水移栽，避免了定植后灌溉对地温的影响。

(4) 定植时期　朱永龙采用多重覆盖技术，即“地膜＋小拱棚＋二层幕＋棚膜”的多重覆盖形式，将春大棚黄瓜定植期提前到 3 月 5 日，此时黄瓜幼苗为 5 叶 1 心（70%秧苗已现瓜纽）。

技术点评：北京郊区春大棚黄瓜常规生产的适宜定植期为 3 月下旬（除北部山区），但采用一些增温保温技术措施可以将定植期提前到 3 月中旬，乃至 2 月底。当年 3 月上旬大兴地区平均气温 6.0 ℃，比常年（3.5 ℃）偏高 2.5 ℃，其中旬极端最低气温－4.3 ℃，出现在 3 月 3 日。朱永龙采用多重复该技术对棚室增温效果显著，据监测，在 2011 年 3 月 2—15 日间，棚内最低气温达到 8.88 ℃，最低地温达到 16.3 ℃（表 3），完全达到春大棚黄瓜定植的温度指标。笔者连续（2009—2014 年）跟踪了多重覆盖提早定植试验示范点生产情况（其中 2012—2014 年定植期提前到 2 月 26 日），均获得成功，说明该项技术是成熟的。

表3　多重覆盖技术的温度情况（2011年3月2日—15日）

覆盖方式	气温（℃）			地温（℃）		
	平均	平均最低	最低极值	平均	平均最低	最低极值
四层：地膜＋小拱棚＋二道幕＋棚膜	17.7	8.88	－0.11	19.9	16.53	10.62
三层：地膜＋二道幕＋棚膜	17.0	5.70	－0.08	—	—	—
普通：地膜＋棚膜	10.8	－1.95	－8.48	8.3	4.9	－0.59

多重覆盖提早定植技术的突出优势是产品采收上市提前，能够抓住黄瓜的价格高峰。从朱永龙的生产情况来看，其地块于3月27日开始采收，截止到5月20日的前期产量5 098.7千克/亩、销售收入13 325.3元/亩，分别占到总产量和总产值的27.4%和33.8%（表4），也就是说用27.4%的产量获得了33.8%的收入，增收效果显著。

表4　朱永龙大棚的生产情况

时期	亩产量（千克）	亩产值（元）	占总产量比例（%）	占总产值比例（%）	日均产量（千克/亩）	平均单价（元/千克）
3月27日至5月20日	5 099	13 325	27.4	33.8	92.7	2.61
5月21日至7月10日	8 037	14 441	43.2	36.6	157.6	1.80
7月11日至9月10日	5 315	11 213	28.5	28.4	87.1	2.11
9月11日至9月20日	170	451	0.9	1.1	17.0	2.65
全生育期	18 621	39 430	100.0	100.0	104.6	2.12

136.“亩产18 621千克”高产案例的棚室定植密度是多少？

朱永龙在生产中采用1.3米宽小高畦吊蔓栽培，大小行方式定植，大行距90厘米、小行距40厘米，株距30厘米，亩密度

3 419 株。

技术点评：合理密植可以提高光能利用率，是充分发挥群体增产潜力的关键技术措施之一。北方地区由于春季光照充足、通风良好，适当增加密度有利于实现增产、增效，每公顷栽植45 000～60 000 株。但在塑料大棚越夏栽培中，由于生育期较长，栽培密度不宜过大，北京市农业技术推广站通过多年的生产调查和分析，提出了 3 500 株/亩的适宜密度，同时配套了植株调整技术，保证了每公顷 30 000～39 000 米^2 的叶面积。

137. "亩产 18 621 千克"高产案例在棚室温度管理方面有何独到之处吗？

(1) 移栽后管理　移栽当日定植完成后及时覆盖好小拱棚、二道幕，日落前小拱棚再覆盖薄质保温被保温。之后每日早晨8:00 揭开小拱棚和二层幕，每日中午 12:00（棚温近 40 ℃）开顶风口放风降温除湿 1 小时，下午日落前再覆盖好，至 3 月 17 日撤除小拱棚，3 月 21 日撤除二层幕。

技术点评：秧苗移栽后至开花坐果始期一般要经历两个养护阶段，即缓苗期和蹲苗期。缓苗期是从定植开始至秧苗生长点有新叶发生，这一时期在早春要持续 5 天左右，缓苗期的养护重点是提高棚温、促进缓苗，严防寒流侵袭，保持白天 25～30 ℃、夜间 13～15 ℃。在管理上要中耕松土、闷棚保温 1 周，当秧苗生长点处空气温度 35 ℃时可开顶风口降温，通过白天的高温管理增加土壤蓄热，以维持夜间温度的相对稳定；第二个时期是蹲苗期，从首雌开花至根瓜坐住，这一时期的养护重点是促进根系发育、协调营养生长与生殖生长的关系，在管理上采用中耕松土、控制浇水和适当降低昼夜温度等措施。朱永龙这两个阶段的温度管理基本符合这一理念：移栽后 6 天内（缓苗期）平均昼温30.24 ℃、蹲苗期（3 月 12—21 日）平均昼温 25.76 ℃。

(2) 开花坐果前期管理 3月21日根瓜已经坐住，开始植株吊蔓，在温度管理上，每日中午高温时段开顶风口放风降温，防止出现35℃以上的高温。

技术点评：进入开花坐果前期管理阶段，该阶段为了促进植株的健壮生长和产量的形成，管理措施要围绕提高黄瓜光合能力来开展，而调控重点是棚室温度。有研究表明，影响北京地区春黄瓜的主要气象因子前期是温度（正相关）、盛期是光照（正相关）、后期是光照（正相关）和最低气温（负相关）（吴毅明，1979）。黄瓜光合作用的适宜温度是25～32℃，所以管理中朱永龙适当提高了白天温度，3月22日开始至3月底（3月27日根瓜采收）日均昼温30.8℃。北京郊区（平原地区）春大棚果菜的安全定植期是3月下旬，但前期温度不稳定，为了防止倒春寒对生产的影响，还要做好防寒保温工作。而朱永龙在管理中二道幕撤除过早（3月21日），导致应对外界气温变化的手段缺乏：3月22日早晨6:00出现3月以来最低温，室外−5.56℃，生产棚内气温5.8℃、地温18.05℃，虽分别较对照棚提高8.52℃和5.12℃，但大棚南端边缘处仍有秧苗遭受冷害。

(3) 采收期管理 进入4月后，白天通过放风控制高温，晚上关闭风口保温；5月14日至6月上旬开始于中午高温时段覆盖遮阳率50%的遮阳网遮阳降温；5月下旬开始除下雨天气外，风口昼夜开启。

技术点评：塑料大棚由于缺乏配套环境调控设备或设施，在4月以后随着外界气温的逐步升高、光照逐渐增强，塑料大棚的温度也逐渐升高，尽管朱永龙采取了加大通风量和高温强光时段覆盖遮阳网的措施进行温度调控，以缓解高温对黄瓜生长和产量形成的影响，但在5月1日至8月31日此段时间，仍有79.7%的时间最高温突破黄瓜光合适宜温度（32℃），其中33.3%的时间达到了35℃以上，所以加强塑料大温光调控手段方面的研究与应用推广对保障大棚蔬菜生产具有现实的必要性。

138."亩产 18 621 千克"高产案例的水肥管理经验也是大水大肥吗?

全生育期累计灌溉 34 次,1.5 亩地用水量 1 245 米^3,平均每次 24.4 米^3/亩;追肥 31 次,1.5 亩地用肥量 705 千克,平均每次 15.2 千克/亩,其中 7 月 11 日结合深中耕埋施复合肥 75 千克及腐熟鸡粪 8 米^3(1.5 亩)。其中定植水和 3 次末瓜水为清水,其余均为肥水一体。

技术点评:黄瓜属耗水耗肥的蔬菜作物,采收期长,营养生长与生殖生长同时进行,对肥料需求量大(汪建飞等,2005)。有研究表明,结瓜期水分主要以植株蒸腾的形式散失(裴孝伯,2002),无论是冬春茬还是秋冬茬,植株蒸腾量均以盛瓜期最大(孙丽萍,2010),适时适量供应作物养分需求是实现高产优质和提高养分利用率的必要条件(Chen X P,2006)。

为了提高水肥的利用效率,他采用了灌溉施肥的水肥管理方式,即肥料随同灌溉水进入田间(李伏生等,2000)。在管理时期方面,他能够根据黄瓜生产发育和产量形成的不同阶段进行适应性水肥管理,其盛果期(5 月上旬至 7 月中旬)累计灌溉施肥 17 次,分别占到全生育期灌溉次数的 50%和追肥次数的 56.7%,灌溉和追肥量分别为总量的 47.3%和 59.%,灌溉施肥频率 4.8 天 1 次,灌溉频率基本是较为适宜的。郭文忠等(2007)研究指出适宜的灌溉频率即在滴灌条件下灌溉 6 天 1 次,对于增加叶片的叶绿素含量、干物质积累量和水分利用率是有利的。窦超银等(2017)认为灌溉频率越高越有利于黄瓜生长,但频率过高易导致营养生长过盛而影响产量形成。

从以上分析可以看出,朱永龙对高产黄瓜的水肥管理策略基本是较为合理的,但"大水大肥"的观念仍然根深蒂固,全生育期追肥 470 千克/亩、灌溉 830 米^3/亩。王新元等(2005)、韩建会等（2000）认为黄瓜产量随灌水量的增加而增加，灌水利用效率则随之减少，黄瓜品质有下降的趋势。有多项研究指出日光温室黄瓜水分利用效率为 9.20～72.29 千克/米^3（王新元等，1998；韦泽秀等，2008；韦泽秀等，2010；李邵等，2010；孙丽萍等，2010；曹琦等，2010；赵雅节，2011），从朱永龙的生产来看，每立方米灌溉水产出黄瓜 22.4 千克，处于中等偏下水平，还有很大提升空间。

139. “亩产 18 621 千克”高产案例获取高产的管理经验还有哪些？

(1) 土壤管理 全生育期中耕松土 4 次：3 月 21 日浅中耕，4 月 5 日、5 月 18 日和 7 月 11 日深中耕 3 次，深中耕深度 10 厘米。

技术点评：黄瓜在原产地生长于森林地带腐殖质丰富的土壤中，根系浅，有氧呼吸旺盛，土壤含氧量达到 10%较为适宜，所以中耕松土是蔬菜生产尤其是黄瓜栽培的一项重要技术措施。中耕松土可以提高土壤透气性、改善根系呼吸条件，应该定期进行中耕松土的农事操作，但考虑到劳动力投入情况，朱永龙在全生育期也仅进行 4 次中耕，但均是在关键生长发育时期进行的，充分发挥了中耕松土的作用。第 1 次中耕于 3 月 21 日进行，主要目的是疏松土壤、提高地温、减少水分蒸发，原则上来说，第 1 次中耕应在定植后缓苗期进行，改善根际温度、湿度和气体条件，以促进根系生长发育和缓苗，朱永龙的首次中耕明显偏晚（距离定植日已 16 天），这主要是由于田间插设小拱棚不利于中耕操作，于是在 3 月 17 日撤掉小拱棚后进行第 1 次中耕；第 2 次中耕是在定植后第 1 次水肥管理之后进行，在 4 月 2 日、3 日进行了灌溉施肥，为了疏松土壤、减少土壤水分蒸发，于 4 月 5 日进行第 2 次中耕；第 3 次中耕是在 5 月 18 日进行，主要目的是改善根际通气条件，通过对产量分布的分析可以看出，朱永龙本年度黄瓜生产的采收期共计 178 天，日均形成产量 104.6 千克，其中 5 月下旬至 7 月上旬日均产量 157.6 千克，为旺盛采收期，为了促进盛瓜期植株生长发育和产量的形成，他进行了此次中耕；最后 1 次中耕是在越夏始期进行的，结合深中耕还埋施复合肥 75 千克及腐熟鸡粪 8 $米^3$（1.5 亩）。

（2）植株管理　3 月 21 日采用落蔓夹进行植株吊蔓，5 月 5 日株高已达到 185 厘米、24 节，进行了第 1 次盘蔓落秧：疏除基部叶片，单株保留 14 片叶，松开落蔓夹植株落秧，保持生长点均匀处于 1.3 米高度，以后每隔约 12 天落秧 1 次。

技术点评：黄瓜生长量较大，在塑料大棚春夏秋长季节生产中，株高可达到 9 米左右，因此在生产中采用落秧的方式进行植株调整，这是保障高产的重要技术措施。朱永龙在生产中应用了落蔓夹吊蔓栽培方式。该种方式相较于传统的插架绑蔓栽培，更适于黄瓜的长季节生产，具有减轻劳动强度、提高工作效率、改善田间通风透光条件等优势，已在北京郊区普遍使用。但朱永龙在落秧过程中落秧过低、保留叶片偏少。黄瓜叶片从露尖到展开约需 5 天，从叶片展开到定型约需 10 天，一般至 45～50 天，黄瓜叶片已进入老龄，所以及时地疏除老叶可减少养分的损耗、减缓病害的滋生，但保留适量的功能叶片是高产所必须，一般高产田植株叶片面积总量应该达到 2 500 $米^2$/亩。有研究表明，光合能力最强的叶片是植株中部即生长点以下第 11～20 片叶。那么保留多少片叶片较为合适？北京市农业技术推广站在这方面做了相关研究（表 5），在试验所设的处理范围内，随着功能叶片数量的增加，产量逐步提升，说明叶片数量是影响产量的重要因素，但在实际生产中，考虑到通风透光、减轻病虫害以及提高水肥利用效率的需要，叶片数量也不宜过多，所以综合高产田叶面总量的要求、不同节位叶片光合能力的调查及不同叶片数量对产量的影响等因素，建议单株功能叶片数量控制在 16 片，并基部瓜条下方保留叶片 1 片（表 6），在植株调整的同时去除卷须、摘除畸形瓜。

表 5　不同留叶量的产量情况（2014 年 5 月 26 日至 7 月 10 日）

（千克/亩）

叶片数	重复 1	重复 2	重复 3	平均	较对照增减（%）
7	7 707.15	8 721.9	7 053.75	7 827.6	−24.4
10	8 578.35	8 504.1	5 865.75	7 649.4	−26.1
13（ck）	11 167.2	11 795.85	8 098.2	10 353.75	—
16	11 764.91	11 502.56	9 330.75	10 866.08	4.9
19	11 419.65	12 761.1	9 400.05	11 193.6	8.1

表 6　不同功能叶片数对黄瓜产量的影响

基部瓜条下部功能叶片数	始收期	小区产量（千克）	折合亩产（千克）
0	4 月 24 日	165.64	6 134.82
1	4 月 24 日	198.69	7 358.89
2	4 月 24 日	188.06	6 965.18

专题八　黄瓜槽式基质栽培技术

基质栽培是无土栽培的一种形式，应用固体基质支持作物根系并为作物生长发育提供水分和营养元素。基质栽培的方式有槽培、袋培、岩棉培等，通过滴灌系统或潮汐灌溉方式供液。与水培相比，基质栽培缓冲性强、栽培技术比较容易掌握、栽培设施易于建造，成本较低，同时该种栽培方式更容易满足作物根系对氧气的需求。

140. 对栽培基质有哪些要求?

可用于无土栽培的固体基质较多，按照基质组成分为无机基质和有机基质两大类，可以根据当地资源情况和经济能力自行选择。在选择或混配基质时，要关注栽培基质的关键理化性状，为作物生长发育提供适宜的根际环境。

(1) 容重　容重是指单位体积基质的重量，是反映基质的疏松或紧实程度的指标。容重过小，基质疏松、透气性好，但不易固定作物根系；容重过大，则基质过于紧实、通透性差，同样不利于作物生长。较为适宜黄瓜根系需求的基质容重为 0.5 克/厘米^2 左右。

(2) 总孔隙度　总孔隙度是指基质中持水孔隙和通气孔隙的总和，也反映着基质的疏松或紧实程度。总孔隙度大的基质容重较小，基质疏松利于根系的生长，但是对作物根系的固定效果较差；总孔隙度小的基质容重较大，基质紧实、水气的总容量较小，通透性差。较为适宜黄瓜根系需求的基质总孔隙度 65%～85%。

(3) 大小孔隙比　大小孔隙比是反映基质中水气之间状况的指标。大孔隙是基质中空气所能占据的空间，小孔隙是水分所能占据的空间。一般来讲，基质的大小孔隙比在 1.0∶(1.5～4.0) 的范围内作物根系均能良好生长。

(4) 基质的化学性质　基质的化学性质包括基质的化学稳定性、酸碱度、电导率、阳离子代换量等方面，较为适宜黄瓜生长的基质 pH 为 6.5～7.5、EC 值为 0.8 毫西/厘米以下。

141. 常用的栽培基质有哪些?

可用于无土栽培的固体基质有多种，如沙、石砾、蛭石、珍珠岩、泥炭、岩棉、稻壳、椰糠等，实际应用中可根据栽培基质的基本理化要求选用或选配，下面介绍两种典型栽培基质：

（1）椰糠 椰糠是椰子外壳纤维粉末，是加工后的椰子副产物或废弃物，是从椰子外壳纤维加工过程中脱落下的一种纯天然的有机质介质。经加工处理后的椰糠具有良好的保水性和透气性，较适合作物栽培，是目前比较流行的园艺基质。

（2）混配基质 常用的混配基质配方有草炭∶蛭石＝1∶1，消毒发酵稻壳∶腐熟消毒鸡粪∶消毒腐熟牛粪∶洁净河沙＝3∶1∶5∶1，消毒腐熟废菇料∶蛭石＝1∶1，草炭∶椰糠∶蛭石＝3∶1∶2等。

142. 栽培槽如何建造？

栽培槽形式多样，根据摆放方式可分为地上式和半地上式，按照栽培槽材料方面又可分为砖混式、聚乙烯板式、PVC 板式等。无论采用哪种材料，也不论哪种摆放方式，在建造之前都要将设施（日光温室或塑料大棚）内地面整平夯实，并确保栽培槽沿着槽体延长方向向着回液回流方向倾斜，坡度 3°～5°，在栽培槽最低端建造回液收集管道并配备集液池，同时保证栽培槽不漏水。

143. 栽培槽的规格怎样确定？

栽培槽要求上口最小宽度 40 厘米、底宽 25～30 厘米、槽体深度（基质填充深度）25～30 厘米。按照畦距 1.4～1.5 米挖设或摆放栽培槽。

144. 如何配备灌溉系统？

灌溉系统包括水肥首部、滴箭或灌溉带等微灌设备、定时器、水泵等。

145. 黄瓜无土栽培的营养液配方是什么？

营养液是无土栽培的关键，不同作物要求不同的营养液配方。目前世界上发表的配方很多，在黄瓜生产上，大量元素可选用霍格兰通用配方、日本山崎黄瓜专用配方、日本园试通用配方和华南农业大学果菜配方（表7），微量元素采用通用配方（表8）。

表7 部分营养液大量元素配方

（引自郭世荣，2003）

营养液配方名称	盐类化合物用量（毫克/升）					元素含量（毫摩/升）							
	四水硝酸钙	硝酸钾	磷酸二氢钾	磷酸二氢铵	七水硫酸镁	盐类总计	氮		磷	钾	钙	镁	硫
							铵态氮	硝态氮					
霍格兰通用配方	945	607	—	115	493	2 160	1	14	1	6	4	2	2
日本山崎黄瓜专用配方（1978）	826	607	—	115	493	2 041	1	13	1	6	3.5	2	2
日本园试通用配方（1966）	945	809	—	153	493	2 400	1.33	16	1.33	8	4	2	2
华南农业大学果菜配方（1990）	472	404	100	—	246	1 222	—	8	0.74	4.74	2	1	1

表8 营养液微量元素用量（各配方通用）

（引自郭世荣，2003）

化合物名称	营养液含化合物（毫克/升）	营养液含元素（毫克/升）
乙二胺四乙酸铁（Ⅲ）钠（含铁14.0%）	20～40	2.8～5.6
硼酸	2.86	0.5
四水合硫酸铵	2.13	0.5

（续）

化合物名称	营养液含化合物（毫克/升）	营养液含元素（毫克/升）
七水合硫酸锌	0.22	0.05
五水硫酸铜	0.08	0.02
四水合钼酸铵	0.02	0.01

146. 黄瓜基质栽培关键技术环节有什么？

与常规土壤栽培相比，黄瓜基质栽培过程中需要着重注意以下几个技术点：

（1）栽培季节与品种 无土栽培的黄瓜生长速度快、收获期早，但旺盛的生长势难以长期维持，易早衰，进行长季节栽培具有一定的难度，尤其是在低温季节，基质温度难以适应黄瓜健壮生长的需求，所以应实行短季节栽培，特别要把黄瓜旺盛生长期安排在光、温相对适宜的季节，如日光温室的春茬和秋冬茬生产，在其他茬口可以安排速生叶菜生产，同样可达到设施周年利用的效果。

鉴于黄瓜无土栽培的生长特点，要选择熟性早、节成性好、抗病性强和长势旺盛的品种。

（2）育苗 采用穴盘或营养钵基质育苗方式，生理苗龄以3～4片真叶为宜，育苗环节要做好病虫害的防控，苗期养分的补给可采用山崎黄瓜专用营养液配方 1/2 剂量喷淋。为了增强植株的长势和抗病性，宜采用嫁接育苗。

（3）定植 定植之前做好棚室的消毒和基质淋洗工作，定植密度 2 500～3 000 株/亩。

（4）水肥管理

① 营养液配方。可采用日本山崎黄瓜专用营养液大量元素配方和通用微量元素配方，其中乙二胺四乙酸铁（Ⅲ）钠 30 毫克/升。

② 营养液EC值和pH控制。根据植株生长发育状态调控适宜的EC值，苗期为0.8～1.0，定植后缓苗阶段为1.5，缓苗后至根瓜坐住为2.0～2.2，采收期为2.5～3.0（高温强光季节偏低、低温季节偏高）。全生育期pH调控在5.5～6.5之间。

③ 日单株灌溉量。笔者在不考虑棵间蒸发的条件下，测算了营养液循环运行模式下各设施茬口不同生长发育阶段的日单株需水量（表9），在光温适宜的旺盛生长阶段日单株需水量约1 500毫升/天。黄瓜需水量与光、温条件和作物生长发育状态（如叶片数量、叶片面积、坐果情况等）密切相关，生产者可参照表9根据生产实际情况灵活把握。

表9 几个主要设施茬口黄瓜各生长发育阶段平均单株每日实际耗水量

（毫升/天）

设施茬口	生育期	缓苗期10天		抽蔓期10天		开花期10天		根瓜期10天	
		实测需水量	建议灌溉量	实测需水量	建议灌溉量	实测需水量	建议灌溉量	实测需水量	建议灌溉量
日光温室秋冬茬	9月8日至12月31日	122	150～200	191	250～300	409	500～650	508	600～800
日光温室春茬	3月1日至7月18日	158	200～250	178	250～300	333	400～500	536	650～800
塑料大棚春茬	4月1日至7月15日	149	200～250	278	350～450	281	350～450	651	780～1 000
日光温室秋冬茬	9月8日至12月31日	555（20天）	650～850	197（30天）	250～300	115（15天）	150～200	115（5天）	140～180
日光温室春茬	3月1日至7月18日	670（20天）	800～1 000	613（50天）	750～950	607（20天）	750～950	503（10天）	600～750
塑料大棚春茬	4月1日至7月15日	1 450（20天）	1 800～2 200	763（20天）	950～1 200	936（20天）	1 200～1 500	884（6天）	1 100～1 300

④ 灌溉频次。采用滴灌或滴箭供液，日灌溉5～7次，每隔7天采用清水灌溉1天以淋洗基质盐分，避免基质EC值过高而导致根系生理障碍。

第七章 黄瓜采收分级与包装贮运

147. 黄瓜的采收要注意哪些技术要点?

(1) 采前控水 需要长途运输和贮藏的黄瓜，在收获前2～3天停止浇水，可有效增强其耐藏性，减少腐烂，延长黄瓜的采后保鲜期。

(2) 安全间隔期 黄瓜生产过程中会使用一些无公害蔬菜允许使用的农药，为了消费安全，只有达到了农药安全间隔期时才可以采收。

(3) 适时采收 采收要及时，过早采收产量低，产品达不到标准，而且风味、品质和色泽也不好；过晚采收不但赘秧，影响产量，而且产品不耐贮藏和运输。一般就地销售的黄瓜，可以适当晚采收，长期贮藏和远距离运输的黄瓜则要适当早采收；冬天收获的黄瓜可适当晚采收，夏天收获的黄瓜要适当早采收；有冷链流通的黄瓜可适当晚采收，常温流通的黄瓜要适当早采收；市场价格较贵的冬、春季可适当早采收。

(4) 采收时间 黄瓜瓜条的生长主要在下午和前半夜进行，所以采收宜在上午进行，同时可保证产品鲜嫩喜人。

(5) 采收技术 瓜把处留1厘米长果柄，用剪刀剪断，采收时要轻拿轻放，避免发生机械伤害，力求顶花带刺。采收后，要避免日晒、雨淋，放在阴凉处或冷库中预冷，并及时包装。

148. 黄瓜的分级标准是什么？

(1) 基本要求　黄瓜应满足下列基本要求：①产品属于同一品种或相似品种；②瓜条已经充分膨大，但果皮柔嫩；③瓜条完整；④瓜条清洁干净，无杂物，无异常外来水分；⑤瓜条外观新鲜，有光泽，无萎蔫；瓜条无苦味，无任何异常气味或味道；⑥无冷害、冻害、病虫害、腐烂变质及机械损伤等。

(2) 等级规格划分　在符合基本要求的前提下，等级共分为三个，即特级、一级和二级（表10）；根据瓜条的长度，分为大(L)、中（M）和小（S）三个规格，详见表11。

表10　黄瓜等级划分

等级	要　求
特级	① 具有该品种特有的颜色，光泽好 ② 瓜条顺直，每10厘米长的瓜条弓形高度≤0.5厘米 ③ 距瓜把端和瓜顶端3厘米处的瓜身横径与中部相近，横径差≤0.5厘米 ④ 瓜把长占瓜总长的比例≤1/8 ⑤ 瓜皮无因运输或包装而造成的机械损伤
一级	① 具有该品种特有的颜色，有光泽 ② 瓜条较为顺直，每10厘米长的瓜条弓形高度>0.5厘米，但≤1厘米 ③ 距瓜把端和瓜顶端3厘米处的瓜身与中部的横径差≤1厘米 ④ 瓜把长占瓜总长的比例≤1/7 ⑤ 允许瓜皮有因运输或包装而造成的轻微损伤
二级	① 基本具有该品种特有的颜色，有光泽 ② 瓜条较为顺直，每10厘米长的瓜条弓形高度>1厘米，但≤2厘米 ③ 距瓜把端和瓜顶端3厘米处的瓜身与中部的横径差≤2厘米 ④ 瓜把长占瓜总长的比例≤1/6 ⑤ 允许瓜皮有少量因运输或包装而造成的损伤，但不影响果实耐贮性

表 11　黄瓜等级划分

规格	要　求
大（L）	① 长度>28 厘米 ② 同一包装中最大果长和最小果长的差异≤7 厘米
中（M）	① 长度 16～28 厘米 ② 同一包装中最大果长和最小果长的差异≤5 厘米
小（S）	① 长度 11～16 厘米 ② 同一包装中最大果长和最小果长的差异≤3 厘米

149. 黄瓜的包装与运输要注意哪些问题？

分级后按产品的品种、等级和规格分别包装，整齐摆放到运输包装物内，如竹筐、木箱、纸箱、塑料箱等。运输包装容器应该具有一定的耐高温、耐低温能力和一定的机械强度，在搬运中不至于变形和损坏，并符合国家或行业相关规定。运输装卸车要防止机械损伤，产地距离运输采用普通车时要注意防晒保湿通风，夏天还要注意降温，冬天要注意防冻。预冷过的黄瓜销售运输时间在 10 小时内，可用保温车，超过 10 小时要用冷藏车，冷藏车温度控制在 12 ℃。

150. 黄瓜保鲜适宜的温湿度是多少？

黄瓜采后生理活动较为活跃，常温下贮存商品性及口感品质易恶化，适宜的保鲜温度是 11～13 ℃，温度低于 10 ℃易受冷害，适宜的空气相对湿度为 90%～95%。

第八章 黄瓜主要病虫害防控

专题一　植物保护技术基本常识

151. 病虫害防控的植保方针是什么？

黄瓜常发的主要病害有霜霉病、灰霉病、白粉病、细菌性角斑病、枯萎病等，虫害有蚜虫、粉虱、斑潜蝇等，在防治上要采用“预防为主、综合防治”植保方针。“预防为主、综合防治”是1975年中华人民共和国农林部在“全国植物保护工作会议”上明确的我国植保方针，“把防治作为植保工作的指导思想，在综合防治中，要以农业防治为基础，因地制宜地合理应用化学防治、生物防治、物理防治等措施，达到经济、安全、有效地控制病虫害的目的”。

152. 什么叫源头控制？

设施蔬菜病虫的传播来源主要是种子、秧苗、棚室表面、空气、土壤、肥料和蔬菜残体等，通过各种措施的综合运用，在病虫害产生的初始阶段就进行预防，将各种病虫害扼杀于摇篮中，降低病虫基数、延缓暴发时期、减轻危害程度。

153. 什么是农业防控技术？

农业防治是通过适宜的栽培措施降低有害生物种群数量或减少其侵染可能性，培育健壮植物，增强植物抗害、耐害和自身补偿能力，或避免有害生物为害的一种植物保护措施，包括选择抗性品种、改进耕作制度等。

154. 农业防控技术包括哪些环节？

（1）选择抗病品种 病害始终是造成蔬菜减产的主要原因之一，选用抗病品种是丰产、稳产以及降低生产成本和减少农药等对产品和环境污染的重要途径，生产者在选择品种时应注意选择抗当地主要蔬菜病害的优新品种。

（2）种子消毒 常用的消毒方法有温汤浸种、药液浸种、药剂拌种、干热处理等，可有效消灭种子上携带的病菌。

（3）嫁接换根 嫁接换根可以利用砧木发达的根系，促进养分与水分的吸收，增强黄瓜的抗性，有效预防各种病虫害的发生。

（4）培育健壮幼苗 采用无病苗土或无土基质育苗。

（5）播期调整 适当调整播种期和定植期，使作物的发病盛期与病虫害侵染高峰期错开。

（6）合理轮作或间套作 合理轮作不仅能提高作物本身的抗逆能力，而且能够使潜藏在地里的病源物经过一定期限后大量减少或丧失侵染能力。黄瓜忌连作，应与非葫芦科作物实行 3 年以上的轮作，黄瓜与番茄相互抑制，不宜轮作和间作套种。春黄瓜前茬多为秋茬或春茬及越冬茬，后茬适种多种秋茬。夏秋黄瓜前茬适合各种春夏茬，后茬适合越冬茬或春茬，与大葱、洋葱、大蒜等作物轮作效果较好。通过合理的间作套种，可有效利用地力、光能和营养，还能抑制病虫害的发生，可实现高产、稳产和高效。如黄瓜间做套种小白菜、芹菜、苋菜、韭菜、葱等。

（7）清洁田园　上茬蔬菜收获后，很多病菌附在蔬菜作物残枝上散落田间，成为后茬蔬菜的侵染源。因此，在每季蔬菜收获后，彻底清除田间残株败叶，对易感根系病害的蔬菜还要清除残根。

（8）耕翻整地　选用排灌方便的田块，上茬收获后耕翻整地，可以改变土壤环境，借助自然条件，如高温、低温、太阳紫外线等，杀死部分土传病菌，一般要求收获后深耕35～40厘米。

（9）高畦栽培　高畦栽培较好，有利于排水、提高土温、减少病害的发生，一般畦高15～20厘米。

（10）加强田间管理　科学施肥，应以充分腐熟的有机肥为主，平衡施用磷、钾肥及微肥，提高土壤肥力，灌溉排水，适度整枝打杈，注意合理密度，保持土壤见干见湿、加强通风透光。

155. 什么是生物防控技术？

利用有益微生物及其产品进行病虫害防控的方法称为生物防控技术。一种微生物的存在对另一种微生物不利的现象叫作颉颃现象，生物防治主要是防治土壤传染的病虫害，但对某些地上部也有效。

156. 生物防控技术包括环节？

主要包括以虫治虫、以螨治螨、以菌治虫、以菌治菌等生物防治关键措施，目前主要的成熟产品和技术应用有释放寄生蜂、捕食螨、瓢虫等和喷施绿僵菌、白僵菌、微孢子虫、苏云金芽孢杆菌（Bt）、蜡质芽孢杆菌、枯草芽孢杆菌、核型多角体病毒（NPV）等。

157. 什么是物理防控技术？

物理防控技术是指针对各种病虫害具有的特异性而利用光、热、声等物理手段进行病虫害防治的方法，可大幅度减少农药的使用。如地膜覆盖栽培防杂草，灯光诱杀斜纹夜蛾、小菜蛾等害虫成虫，蓝板诱杀蓟马，黄板诱杀蚜虫、白粉虱、斑潜蝇等，银灰色膜驱避蚜虫，防虫网阻隔小型害虫以及糖醋液或性诱剂诱杀。

158. 什么是生态防控技术？包括哪些要点？

生态防控技术即通过优化作物布局、改善水肥管理、设施温光湿环境调控等措施，创造适宜作物生长发育而不利于病虫害发生的生态环境条件，称为生态防控技术，如合理放风、科学水肥管理、遮阳降温、增温补光灯。

159. 什么是化学防控技术？

化学防治用化学药剂的毒性来防治病虫害，是植物保护常用的方法，也是综合防治中一项重要措施，但从农产品安全、保护环境的角度出发，要在优先选用农业防治、物理防控、生态防控、生物防控等绿色防控技术的基础上，作为一种应急手段应用。

160. 化学防控的基本原则是什么？

（1）对症选药 在明确防治对象的基础上，选用高效、低毒、低残留的农药品种（包括生物农药和昆虫生长调节剂类杀虫剂）和剂型。各种药剂要交替、轮换使用，防止单一使用一种农药，避免病虫产生抗药性，严禁使用高毒、高残留农药。

（2）科学配药 按照农药安全使用说明书用药，不得随意增减，配药时要使用计量器具，根据农药毒性及病虫害的发生情况，结合气候情况，严格掌握药量和配制浓度，防止出现药害和伤害天敌。

（3）适时用药 黄瓜生长前期以高效低毒的化学农药和生物农药混用或交替使用为主，生长后期以生物农药为主，根据天气变化、病虫情发生规律、病情和虫情变化科学施药。一是要早，设施栽培病虫害发生早，蔓延速度快，应以预防为主，发现中心病（虫）株立即施药，将病虫害消灭在传播之前；二是要巧，农药的使用受天气影响较大，一般选择晴天 16:00 后至傍晚施药，避免在高温（30 ℃以上）天气施药，阴雨天气不宜用药。

（4）细致喷药 在喷药时，要选用雾化程度高的施药器械，喷洒时做到细致，确保喷药效果，应确保作物叶片正反两面、植株内外上下都要喷匀喷透，防止漏喷。

（5）安全用药 严格遵守农药安全间隔期，《农药安全使用标准》规定了各种农药的安全间隔期，最后 1 次喷药与收获之间的时间必须大于安全间隔期。

专题二 常见的生理病害

植物周围环境的因素，如光照、营养、水分、空气等，这些因素都是植物生长发育过程所必需的，如果营养物质和水分过多或过少、温度过高或过低、日照过强或过弱、土壤通气不良、空气中存在有毒气体等，都能直接影响植物生长发育，表现为不正常，使植物发生病害，这种由非生物因素所引起的病害就叫作生理病害。生理性病害无传染性，当其环境条件恢复正常时，病害就停止发展，并且还有可能逐步地恢复常态。

161. 幼苗子叶“戴帽”是什么？

（1）症状识别 黄瓜幼苗出土后子叶上的种皮不脱落，俗称“戴帽”。“戴帽”幼苗的子叶被种皮夹住不能张开，直接影响子叶的光合作用，也易损坏子叶，往往导致幼苗生长不良或形成弱苗。

（2）发病原因 一是播种后覆土过薄，土壤挤压力小；二是所覆盖的土太干，致使种皮变干；三是出苗后过早揭掉覆盖物或在晴天中午揭膜，致使种皮在脱落前变干、变硬而不易脱去。

（3）防治措施

① 精细播种。浸种催芽后再播种；苗床土要细碎；播种后覆土 0.7～1.0 厘米，不能过薄，且要厚度均匀一致。

② 出苗覆土。在大部分幼苗顶土和出齐后分别再覆土 1 次，厚度 0.5 厘米左右，以细碎潮土为好。

③ 人工摘“帽”。发现“戴帽”苗，可趁早晨湿度大时或喷水后用手将种皮摘掉。

162. 闪苗是什么？

（1）症状识别 其症状为叶片初呈水渍状，后萎蔫，受害部位逐渐干枯。

（2）发病原因 主要发生在育苗期间和定植初期，原因是通风方法不当或环境温度突然降低。

（3）防治措施 冬春季育苗期间的通风尽量避开早晨低温高湿时段；夏秋季育苗期间，苗床避开高温高湿时段；定植后通风宜从棚室顶部通风，切忌放底脚风。

163. 沤根是什么？

（1）症状识别　发生沤根时，根部不发新根或不定根，根皮发锈后腐烂，致地上部萎蔫，且容易拔起，地上部叶缘枯焦，严重时成片干枯，致植株死亡。

（2）发病原因　在苗期或植株生长期均可发生，一是土壤温度低于12℃且持续时间较长，根系生产受阻；二是土壤湿度过高、透气性差，根系呼吸作用受阻。

（3）防治措施　主要是避免低温和高湿的土壤环境。在设施内，要进行膜下暗灌和高垄高畦栽培，并要适当通风散湿，遇有连阴雨天气，不可浇水；要经常中耕松土、增施有机肥，以提高地温、增强土壤通透性，促发新根。

164. 植株花打顶是什么？

（1）症状识别　其症状为顶部节间极度短缩，叶片小而薄、多皱缩，生长点难以伸长和长出新叶，龙头形成雌花和雄花间杂的花簇，呈花抱头状，植株生长几乎停滞。

（2）发病原因　根本原因是由于过高或过低的地温、土壤干旱、根际土壤盐分过高等原因导致根系生长受到伤害，这是植株在逆境条件下自我保护的一种体现。

（3）防治措施

① 合理调控温度。防止温度过低或过高，及时松土，提高地温。必要时先适量施肥、浇水，再松土提温，以促进根系发育。

② 合理运用肥水。大棚黄瓜施肥，要掌握少量、多次、施匀，施用有机肥时必须充分腐熟，防止因施肥不当而伤根。适时适量浇水，避免大水漫灌而影响地温，造成沤根。

③ 培育壮苗。采用护根育苗和嫁接育苗技术，移栽时避免伤及根系。

④ 及时补救。已出现花打顶的植株，应适量摘除雌花，并用磷酸二氢钾300倍液叶面喷施；出现烧根型花打顶时，及时浇水，使土壤持水量达到22%，空气相对湿度达到65%时浇水中耕，不久即可恢复正常。

165. 植株徒长是什么？

(1) 症状识别 其症状为叶片薄、叶色淡、茎细、节间长，伴随化瓜现象。

(2) 发病原因 夜温偏高，偏施氮肥，浇水多，湿度大，光照弱。

(3) 防治措施 加强通风，降低室内温度和湿度，尤其要避免夜间高温，控制到13～15 ℃；增施磷、钾肥，减少氮肥用量；适当落秧，抑制植株生长；瓜条适当延后采收，以生殖生长抑制营养生长。

166. 化瓜是什么？

(1) 症状识别 主要表现为新坐瓜的瓜胎或正在发育的小瓜上，小瓜一旦发生化瓜症，即停止生长，并由瓜尖开始逐渐变黄、干瘪，最后干枯脱落。

(2) 发病原因 一是坐瓜期间温度过高或过低，气温低于15 ℃或高于35 ℃易引起化瓜；二是由于土壤干旱或湿度过大导致土壤透气不良、根系活力弱；三是植株挂瓜太多导致养分争夺，造成幼瓜养分不足；四是光照不足引起光合作用弱；五是植株营养生长过旺。

(3) 防治措施 根据生产实际情况明确发生化瓜的具体原

因，有针对性地采取温光调控、水肥管理和植株调整等措施加以防控。

167. 苦味瓜是什么？

（1）症状识别　黄瓜果实的苦味是由一种叫葫芦素C的物质引起的，这种物质不仅存在于植株体内，而且也存在于果实内。同一果实的不同部位其含量不同，一般近果梗部分的苦味浓，而果顶端部分苦味淡或无苦味。

（2）发病原因　有研究表明，黄瓜果实苦味是受基因影响，不良的栽培条件也会导致苦味基因表达从而形成苦味瓜，如氮肥偏多、有机肥缺乏、地温过高或过低、土壤干旱缺水、营养生长不良等。

（3）防治措施　一是选用适宜栽培茬口的黄瓜品种，注重考察品种的耐受性，如冬春季节要选择耐低温弱光品种，夏秋季节选用耐高温品种；二是加强栽培管理，创造适宜黄瓜生长发育和产量形成的环境条件，注重磷钾肥和有机肥的施用、合理的水肥管理、适宜温光环境的调控，避免根系伤害和生长受阻。

168. 降落伞叶和泡泡叶是什么？

（1）症状识别　降落伞叶表现为黄瓜叶片的中央部分凸起，边缘翻转向下，呈降落伞状；泡泡叶的表现是叶片上表面初呈许多向上凸起的小泡泡，后期凸起部分呈褪绿斑，最后变成黄色或褐色。

（2）发病原因　这两种情况都是在低温弱光的冬季或早春易现。伞形叶主要是生理性缺钙所致，钾肥施用过多、低温弱光、低温偏低、土壤干旱等都会影响钙的吸收及其在植株体内运输从而导致该症发生；低温、连续阴雨天气、光照度严重不足的情况下，会导致泡泡叶产生。

（3）防治措施 一是选用适宜的品种；二是加强温、光环境管理，必要时进行应急增温和人工补光；三是注重合理的水肥管理。

169. 畸形瓜是什么？

（1）症状识别 畸形瓜类型较多，如尖嘴瓜、大肚瓜、蜂腰瓜、弯瓜等。

（2）发病原因 尖嘴瓜多是由于瓜条膨大时植株长势弱、肥水供应不足所致；雌花授粉不充分或水分供应不均易形成大肚瓜；蜂腰瓜是由于白天光照弱、夜间温度高、昼夜温差小、钾素供应不足及瓜条膨大期间水肥供应不均衡所致；当栽植密度过大、通风透光不良、肥料不足、干旱缺水以及茎蔓或架材等阻挡，易造成弯瓜。

（3）防治措施 根据生产实际情况明确发生畸形瓜的具体原因，有针对性地采取温光调控、水肥管理和植株调整等措施加以防控。

170. 矿质元素盈亏有哪些表现？如何缓解？

（1）氮素盈亏 氮素是蛋白质、遗传物质以及叶绿素和其他关键有机分子的基本组成元素，所有植物都需要氮素来维持生活。在黄瓜生长发育过程中，缺氮症状主要表现在叶片上，叶片薄而小、黄化均匀、不表现斑点状，黄化先由下部老叶开始，逐渐向上发展，幼叶生长缓慢。植株矮小，花小，化果严重，果实短小，畸形果增多。缺氮严重时，整个植株黄化，不能坐果。发生缺氮时可追施尿素等速效氮肥，随灌溉水冲施，也可以用0.1%～0.3%的尿素水溶液叶面喷施追肥；当氮素过剩时，叶片肥大而浓绿，中下部叶片出现卷曲，叶柄稍微下垂，叶脉间凹凸不平，植株徒长。

(2) 磷素盈亏 磷元素既是构成植物体内重要有机物的组成成分，也以多种形式参与植物的生理过程，对植物生长发育有着重要的作用。黄瓜缺磷表现为植株矮化，叶片小而僵硬、颜色浓绿，叶脉呈紫色。生产过程中发现缺磷时，可以用500倍磷酸二氢钾液叶面喷施或灌根，或追施磷酸氢二铵；当磷素过剩时，新生叶片小而厚，叶色暗绿，叶脉间的叶肉上出现白色小斑点。

(3) 钾素盈亏 钾在植物生长发育过程中，参与60种以上酶系统的活化、光合作用、同化产物的运输、碳水化合物的代谢和蛋白质的合成等过程，对植物生长发育有着重要的作用。黄瓜缺钾表现为初期由下部叶片开始黄化，逐渐向顶部发展，症状首先出现在叶缘上，脉间褪绿黄化，而叶脉仍保持绿色，老叶受害严重，当缺钾症状出现后，要及时追施硫酸钾或叶面喷施磷酸二氢钾500倍液，予以补肥；当钾素过剩时，叶片叶脉间失绿、叶缘向上卷曲、呈凹凸状。

(4) 镁素缺乏 镁是构成植物体内叶绿素的主要成分之一，与植物的光合作用密切相关。当缺镁时，黄瓜叶片最先表现症状，症状从老叶向幼叶发展，最终扩展到全株。老叶脉间叶肉失绿，并从叶脉向中央发展，当出现缺镁症状时，应及时追施镁肥或叶面喷施硫酸镁100倍液。

(5) 钙素盈亏 钙是一种很重要的矿质元素，是植物生长发育的必需营养元素之一，在植物生理活动中，既起着结构成分的作用，也具有酶的辅助因素功能，它能维持细胞壁、细胞膜及膜结合蛋白的稳定性，参与细胞内各种生长发育的调控作用。当黄瓜在生长发育过程中钙元素缺乏时，黄瓜缺钙叶缘似镶金边，叶间出现透明白色斑点，多数叶脉间失绿，主脉尚可保持绿色；严重缺钙时，叶柄变脆，易脱落，植株从上部开始死亡；可用氯化钙350倍液叶面喷施追肥。钙元素过量也会对植株生长造成不利影响，有研究表明，当土壤中 $Ca(NO_3)_2$ 浓度超过1克/千克时，就会严重抑制黄瓜植株生长。

(6) 铁素缺乏 铁元素不仅参与植物叶绿素的合成、呼吸作用和氧化还原反应等生理过程，同时也是许多功能蛋白的重要辅助因子。虽然它在植物体内的含量不高，但它在植物的生长发育中却起着非常重要的作用。当黄瓜在生长发育过程中铁元素缺乏时，幼叶叶脉间褪绿，呈淡黄色，逐渐呈柠檬黄色至白色，严重时全叶变黄白色干枯，但不表现坏死斑，也不出现死亡，生长点生长停止，叶缘坏死完全失绿。可叶面喷施 0.1%～0.5%的硫酸亚铁溶液或追施硫酸亚铁 5 千克/亩。

(7) 硼素盈亏 硼参与作物生长点分生组织的细胞分化，促进根系发育，参与作物生殖器官（花、果）的分化发育和受精，提高结实率，对叶绿素的形成和稳定性有良好作用，能增强植株的光合作用，促进光合产物的合成、分配等。黄瓜缺硼表现为幼叶心叶暗绿，生长点附近叶萎缩枯死，叶片外卷畸形，叶缘黄，茎蔓发生龟裂。果实出现龟裂，易分泌出脂状物。硼过量基叶叶缘黄白。出现缺硼时，可叶面喷施 800 倍的硼砂水溶液或追施硼砂1 千克/亩。硼过剩在黄瓜生育的初期危害较大，幼苗出土，第1 片真叶顶端变褐色，向内卷曲，逐渐地全叶黄化，幼苗生长初期，较下位的叶缘出现黄化；叶片的叶缘呈黄白色，而其他部分叶色不变。

(8) 锰素盈亏 锰元素是植物所需微量元素之一，它具有参与植物的光合作用、调节酶的活性等生理作用，黄瓜缺锰时，植株顶部及幼叶叶脉间失绿，呈现明显的网纹状，芽生长严重受抑，新叶细小，缺锰植株可叶面喷施硫酸锰或氯化锰 500 倍液，或亩追施硫酸锰 1～2 千克；施用过多锰肥会出现锰中毒现象，其症状为中部偏下的叶片的叶脉变为褐色，同时叶脉附近的叶肉黄化枯死，由下位叶逐渐向上位叶发展。

(9) 锌素缺乏 黄瓜植株缺锌时突出表现在幼叶上，顶部的叶片变小、边缘黄化，同时生长点附近的节间缩短，可以采用 0.1%～0.2%的硫酸锌水溶液叶面喷施予以缓解。

（10）铜素缺乏　黄瓜植株缺铜时，新叶失绿发黄，叶缘上卷呈杯状，可叶面喷施0.05%硫酸铜水溶液予以缓解。

专题三　常见的细菌性病害

细菌在自然界分布广泛、每种作物都有一种或几种细菌病害，由病原细菌侵染所引起的病害称为细菌性病害。植物细菌病害的症状具有一些共同特点，如病组织常呈水渍状、病部透明和常有细菌溢脓。脓状物是细菌所具有的特征性结构，在病部表面溢出含有许多细菌细胞和胶质物混合在一起成液滴或弥散成菌液层，具黏性，白色或黄色，干涸时形成菌脓粒或菌膜。

在黄瓜生产中，常见的细菌性病害有细菌性角斑病、细菌性圆斑病、细菌性枯萎病等。

171. 细菌性角斑病如何防治？

（1）症状识别　主要危害叶片、叶柄、卷须和果实，苗期至成株期均可受害。幼苗期子叶染病，开始产生近圆形水渍状凹陷斑，以后变褐色干枯。成株期叶片上初生针头大小水渍状斑点，病斑扩大受叶脉限制呈多角形，黄褐色。湿度大时，叶背面病斑上产生乳白色黏液，干后形成一层白色膜或白色粉末状物，病斑后期质脆，易穿孔。茎、叶柄及幼瓜条上病斑水渍状，近圆形至椭圆形，后呈淡灰色，病斑常开裂，潮湿时瓜条上病部溢出菌脓，病斑向瓜条内部扩展，沿维管束的果肉变色，一直延伸到种子，引起种子带菌。病瓜后期腐烂，有臭味，幼瓜被害后常腐烂、早落。

（2）易发条件　细菌引起的病害，10～30 ℃均可发生，适宜温度为24～28 ℃。病菌在种子内、外或随病残体在土壤中越冬。病菌通过灌水、风雨、气流、昆虫及农事作业在田间传播蔓延，由气孔、伤口、水孔侵入寄主。湿度大发病重，暴风雨过后病害易流行。

(3) 化学防治 发病初期选用硫酸链霉素·土霉素可溶性粉剂 5 000 倍液、30%琥胶肥酸铜可湿性粉剂 500 倍液、53.8%可杀得（氢氧化铜）2 000 干悬浮剂 600 倍液、77%氢氧化铜可湿性粉剂 400 倍液、47%春雷·王铜可湿性粉剂 800 倍液、70%琥铜·甲霜灵可湿性粉剂 600 倍液喷施，以上药剂可交替使用，每隔7～10天喷 1 次，连续喷 3～4 次。

172. 细菌性圆斑病如何防治？

(1) 症状识别 主要危害叶片，有时也危害幼茎或叶柄。幼叶病斑在正面不明显，呈黄化区域，叶背为水渍状小斑点，病斑迅速扩大成圆形或近圆形，颜色呈黄色至黄褐色，病斑中间半透明、周围有黄色晕圈，无明显菌脓，幼茎染病致茎部开裂。苗期生长点染病，多造成幼苗枯死。

(2) 易发条件 细菌生长适温 25～30 ℃，36 ℃生长弱，41 ℃不能生长。主要危害黄瓜、西瓜等葫芦科植物。果肉受害扩展到种子上，病菌由种子传带，也可随病残体遗留在土壤中越冬，从幼苗的子叶或真叶的水孔或伤口侵入，引起发病。真叶染病后，细菌在薄壁细胞内繁殖，后进入维管束，致叶片染病，然后再从叶片维管束蔓延至茎部维管束，进入瓜内，致瓜种带菌。棚室黄瓜湿度大温度高，导致叶面结露、叶缘吐水，有利于该菌侵入和扩展。

(3) 化学防治 发病初期或蔓延开始期选用 27%碱式硫酸铜悬浮剂 600 倍液、50%琥铜·甲霜灵可湿性粉剂 600 倍液、50%琥胶肥酸铜可湿性粉剂 500 倍液、60%琥·乙膦铝（DTM）可湿性粉剂 500 倍液、53.8%可杀得（氢氧化铜）2 000 干悬浮剂 1 000 倍液喷洒，也可选用硫酸链霉素或 72%农用链霉素可溶性粉剂 4 000 倍液、40 万单位青霉素钾盐 5 000 倍液喷雾防治。

专题四　常见的真菌性病害

由真菌侵染所致的病害称为真菌病害，真菌性病害为害的典型特征是病部会产生不同颜色的霉状物、粉状物或粒状物，在潮湿的环境下，这种症状更为明显。黄瓜常见的真菌性病害有霜霉病、白粉病、灰霉病、猝倒病、立枯病、炭疽病、疫病、枯萎病、黑星病、根腐病、蔓枯病等。

173. 黄瓜猝倒病如何防治？

(1) 症状识别　苗期最易发病。幼茎基部初呈水渍状，黄褐色至暗绿色，随后软化腐烂，病部缢缩，幼苗倒地死亡，苗床湿度高时，发病部位表面及附近土壤表面可长出白色霉层。

(2) 易发条件　病菌通过浇水或农事管理传播，带菌粪肥或农事工具也可传播，土壤温度 15～16 ℃病菌繁殖很快，土壤高湿、低温寡照易诱发此病。

(3) 化学防治　可选用 72.2%霜霉威盐酸盐水剂 600 倍液、69%安克·锰锌可湿性粉剂 800 倍液、72%霜脲·锰锌可湿性粉剂 600 倍液、66.8%霉多克可湿性粉剂 800 倍液喷雾防治。

174. 黄瓜立枯病如何防治？

(1) 症状识别　主要危害茎基部或根部，初在茎基部出现椭圆形褐色水渍状病斑，逐渐向内凹陷坏死，绕茎一周致使病部萎缩干枯，随着病情发展致幼苗萎蔫枯死。

(2) 易发条件　病菌通过浇水或农事管理传播，带菌粪肥或农事工具也可传播，苗床地温 16～20 ℃适于发病。

（3）化学防治 可选用 30%苯噻清乳油 1 000 倍液、5%井冈霉素水剂 1 000 倍液、45%噻菌灵悬浮剂 1 000 倍液、50%异菌脲可湿性粉剂 1 000 倍液，喷浇茎基部防治。

175. 黄瓜黑斑病如何防治？

（1）症状识别 初期在叶片上出现浅黄色至黄白色水渍状小斑点，后发展成圆形或不定型坏死斑，病斑周围呈浅绿至浅黄色晕环，病害进一步加重形成坏死大斑，空气潮湿时，病斑表面会产生稀疏灰黑色霉层。

（2）易发条件 病菌生长适温 20～30 ℃，高温高湿利于发病。

（3）化学防治 可选用 50%异菌脲可湿性粉剂 1 200 倍液、65%多果定可湿性粉剂 1 000 倍液、50%敌菌灵可湿性粉剂 500 倍液、50%乙烯菌核利可湿性粉剂 1 500 倍液、80%代森锰锌可湿性粉剂 800 倍液喷雾防治。

176. 黄瓜霜霉病如何防治？

（1）症状识别 从幼苗到收获各阶段均可发生，以成株受害较重，主要危害叶片，由基部向上部叶发展。发病初期在叶面形成浅黄色近圆形至多角形病斑，空气潮湿时叶背产生霜状霉层，有时可蔓延到叶面。后期病斑枯死连片，呈黄褐色，严重时全部外叶枯黄死亡。

（2）易发条件 病菌以菌丝在种子或秋冬季生菜上为害越冬，也可以卵孢子在病残体上越冬。主要通过气流、浇水、农事及昆虫传播。病菌孢子囊在温度 15～22 ℃、空气相对湿度 83%以上时大量发生，温度低于 15 ℃或高于 28 ℃不利于病害发生。

(3) 化学防治　有条件优先应用粉尘剂或烟雾剂防治。发病前可选用5%百菌清粉尘剂每亩1千克喷粉预防，10～15天1次，或选用45%安全型百菌清烟剂重烟预防，每亩0.5千克，7～10天1次。发病初期选用50%烯酰吗啉可湿性粉剂1 500倍液、72.2%霜霉威盐酸盐液剂600倍液、72%霜脲·锰锌可湿性粉剂600～800倍液、80%赛得福可湿性粉剂500倍液喷雾防治，喷雾时应尽量把药液喷到基部叶背。

177. 黄瓜白粉病如何防治？

(1) 症状识别　主要危害叶片，初在叶片背面或叶面形成椭圆形星状小白点，以叶面居多，后向四面扩展成边缘不明显的连片白粉，严重时布满整个叶片。

(2) 易发条件　病菌借气流传播，条件合适时可进行多次再侵染。在植株生长中、后期容易发生。发病适温15～30℃、相对湿度80%～95%。低湿仍可侵染，高湿发病更快。

(3) 化学防治　发病期间，选用50%多菌灵可湿性粉剂800倍液、75%百菌清可湿性粉剂600～800倍液、25%的三唑酮（粉锈宁、百里通）可湿性粉剂2 000倍液、30%特富灵可湿性粉剂1 500～2 000倍液、70%甲基硫菌灵可湿性粉剂1 000倍液、50%硫黄胶悬剂300倍液、2%阿司米星水剂200倍液、2%抗霉菌素水剂200倍液喷雾防治。每7天喷药1次，连续防治2～3次。

178. 黄瓜灰霉病如何防治？

(1) 症状识别　主要危害幼瓜及叶、茎。在雌花开败时花瓣上长出淡灰褐色的老层，致幼瓜脐部呈水渍状，褪色，病部逐渐变软、腐烂，表面密生灰褐色霉状物，以后花瓣枯萎脱落。被害瓜轻者生长停滞，烂去瓜头，重者全瓜腐烂。烂瓜、烂花（滴的水）落在或附着在茎叶上导致茎叶发病。叶部病斑初为水渍状，后变淡褐色，形成直径 20～50 毫米大型病斑。边缘明显，表面着生少量灰霉，茎上发病后，造成茎部数节腐烂，茎蔓掐断，植株枯死。

（2）易发条件 以菌核在土壤或病残体上越冬越夏，温度在 18～23 ℃、相对湿度在 90%加光照不足易发病。

（3）化学防治 发病初期，可采用烟雾法或粉尘法防治。烟雾法用 20%腐霉利烟剂，每亩每次用药 200～250 克，或用 50%乙烯菌核利烟剂，每亩每次用药 250 克，熏 3～4 小时。一般可傍晚熏烟，次日清晨打开门窗通风换气。粉尘法，于傍晚喷撒 10%速灭克粉尘剂、5%百菌清粉尘剂、10%杀霉灵粉尘剂，每亩每次用药 1 千克，隔 7～10 天喷 1 次。喷药防治，选用 50%腐霉利可湿性粉剂 1 000～1 500 倍液、50%异菌脲可湿性粉剂 1 000～1 500 倍液、65%甲硫·乙霉威可湿性粉剂 1 000～1 500 倍液、50%甲基硫菌灵可湿性粉剂 500 倍液等，每隔 7～10 天喷药 1 次，连喷 2～3 次。

179. 黄瓜炭疽病如何防治？

（1）症状识别 危害叶片、幼瓜和茎蔓，初为圆形或不规则形褪绿水渍状凹陷病斑，病斑逐渐扩大凹陷有轮纹，而后变为褐色，斑点中间呈浅褐色、近圆形轮状纹、有穿孔。

（2）易发条件 发病适温 27 ℃左右，湿度越大发病越重。棚室温度高、多雨或浇大水、排水不良等环境加重病害。

（3）化学防治 可选用 25%嘧菌酯悬浮剂 1 500 倍液、75%百菌清可湿性粉剂 600 倍液、56%阿米多彩悬浮剂 800 倍液、10%苯醚甲环唑可湿性粉剂 1 500 倍液、80%代森锰锌可湿性粉剂600倍液、70%甲基硫菌灵可湿性粉剂500倍液喷雾防治。

180. 黄瓜枯萎病如何防治？

（1）症状识别 整个生育期都可感病，以结瓜期为盛。未出苗前造成烂秧；出土后子叶、幼叶呈现失水状萎蔫，茎基部变褐收缩呈猝倒；成株发病，茎基部呈水渍状腐烂、缢缩，为褐色，后发生纵裂，常流出琥珀色胶质物；潮湿时病部长出粉红色霉，干缩后呈麻状。

（2）易发条件 黄瓜枯萎病的发病条件主要是温度和湿度。苗床气温16～18℃，定植后24～30℃，湿度大容易发病；连作、土质黏重、地势低洼、排水不良的田块发病较重；秧苗老化、施用未腐熟的有机肥或偏施氮肥也会导致该病的发生加重。

（3）化学防治 可选用25%溴特灵可湿性粉剂600倍液、25%咪鲜胺可湿性粉剂1 200倍液、10%苯醚甲环唑可湿性粉剂1 500倍液、70%甲基硫菌灵可湿性粉剂600倍液、80%代森锰锌可湿性粉剂600倍液、30%苯噻氰乳油2 000倍液、2%春雷霉素水剂600倍液、2%抗霉菌素120水剂200倍液喷雾防治；或50%多菌灵可湿性粉剂200～300倍液、70%甲基硫菌灵可湿性粉剂300倍液涂抹病茎；或98%恶霸灵可湿性粉剂2 000倍液、75%百菌清可湿性粉剂800倍液、2.5%适乐时悬浮剂1500倍液、80%代森锰锌可湿性粉剂600倍液、70%甲基硫菌灵可湿性粉剂500倍液、50%多菌灵可湿性粉剂400倍液灌根防治。

181. 黄瓜黑星病如何防治？

（1）症状识别 全生育期均可发病，危害叶片、生长点、茎蔓和幼瓜。生长点受害多形成秃头苗；叶片染病，形成浅黄色近圆形或不规则形病斑，易形成星状破裂穿孔、叶片皱缩；幼茎染病，形成长椭圆形或梭形黄褐色病斑、向内凹陷，易龟裂；瓜条染病，形成凹陷斑，致使瓜条畸形，后期在病部多形成疮痂，或龟裂或形成孔洞。病部常溢出琥珀色胶状物。

（2）易发条件 病菌生长适温 20～22 ℃，靠风雨、气流、农事操作传播，种子亦可带菌。低温高湿、植株郁闭情况下发病严重。

（3）化学防治 可选用 40%氟硅唑乳油 6 000 倍液、43%菌力克悬浮剂 6 000 倍液、47%春雷·王铜可湿性粉剂 500 倍液、50%多菌灵可湿性粉剂 500 倍液喷雾防治。

182. 黄瓜根腐病如何防治？

（1）症状识别 主要危害根及茎基部，受害部位初呈水渍状，后腐烂。茎缢缩不明显，病部腐烂处的维管束变褐，不向上发展，区别于枯萎病。病株下部叶色较淡，强光下中午萎蔫，早晚恢复。严重时不能恢复，病部变糟，产生粉红色霉状物，仅留丝状维管束，枯死。

（2）易发条件 病菌从根部伤口侵入，借雨水或浇水传播蔓延，高温高湿利于发病。

（3）化学防治 可选用 50%多菌灵可湿性粉剂 500 倍液、45%噻菌灵悬浮剂 1 000 倍液、25%丙环唑乳油 1 500 倍液、65%多果定可湿性粉剂 1 000 倍液灌根防治。

183. 黄瓜蔓枯病如何防治？

（1）症状识别 叶片受害后产生近圆形或不规则形的大型病斑，有的病斑自叶缘向内发展呈 V 形或半圆形，淡褐色，后期病斑易破碎，常龟裂，干枯后呈黄褐色至红褐色，病斑上密生黑色小点。叶柄、瓜蔓或茎基部被害时，病斑呈油渍状，圆形至梭形，黄褐色，有时溢出琥珀色树脂样胶状物。病害严重时茎节变黑、腐烂、折断。蔓枯病多从茎表面向内部发展，维管束不变褐色。

（2）易发条件　病菌生长适温 20～30 ℃，最高生长温度 35 ℃、最低生长温度 5 ℃。高温高湿利于发病。

（3）化学防治　可选用 70％甲基硫菌灵可湿性粉剂 600 倍液、40％多硫悬浮剂 400 倍液、25％双胍辛胺水剂 800 倍液、50％敌菌灵可湿性粉剂 500 倍液、50％异菌脲可湿性粉剂 1 200 倍液、80％代森锰锌可湿性粉剂 800 倍液喷雾防治，或上述药剂低倍涂抹病茎。

184. 黄瓜疫病如何防治？

（1）症状识别　全生育期均可发病。成株发病主要在茎基部或嫩茎节部，初呈暗绿色水渍状病斑，后软化缢缩，茎叶迅速失水凋萎，严重时全株萎蔫枯死。湿度高时病部表面生出稀疏白霉并迅速腐烂；叶片染病，叶缘或中部形成暗绿色、水渍状、无光泽的圆形病斑，病斑边缘模糊，干燥时，病斑迅速转成青灰至黄白色，病部在阳光照射下易干枯、破裂；瓜条染病，初呈暗绿色水渍状病斑，后向内凹陷，最后腐烂，病部表面生出稀疏白霉。

（2）易发条件　病菌生长适温 23～32 ℃，借风、雨或浇水传播，相对湿度 95％以上利于发病。

（3）化学防治　可选用 72％霜脲·锰锌可湿性粉剂 600～800 倍液、66.8％霉多克可湿性粉剂 800～1 000 倍液、69％安克·锰锌可湿性粉剂 800～1 200 倍液喷雾防治。

专题五　病毒病基本常识

185. 黄瓜病毒病有哪几种表现形式？

由病毒、类菌原体及类病毒等病原物侵染所致的病害称为病毒病。黄瓜病毒病常有四种表现形式，即花叶型、绿斑型、黄化型和皱缩型。

（1）花叶型 幼苗期感病，子叶变黄枯萎，幼叶为深浅绿色相间的花叶，植株矮小；成株期感病，新叶呈黄绿相间的花叶，病叶小，皱缩，严重时叶反卷变硬发脆。病果表面出现深浅绿色镶嵌的花斑，凹凸不平或畸形，停止生长，严重时病株节间缩短，不结瓜，萎缩枯死。

（2）绿斑型 新叶产生黄色小斑点，以后变淡黄色斑纹，绿色部分呈隆起瘤状。果实上生浓绿斑和隆起瘤状物，多为畸形瓜。

（3）黄化型 中、上部叶片在叶脉间出现褪绿色小斑点，后发展成淡黄色，或全叶变鲜黄色，叶片硬化，向背面卷曲，叶脉仍保持绿色。

（4）皱缩型 新叶沿叶脉出现浓绿色隆起皱纹，叶形变小、皱缩。

186. 黄瓜病毒病的发生条件是什么？

病毒主要通过种子、汁液摩擦、小型刺吸式口器害虫及田间农事操作传播，高温干旱、杂草丛生的环节利于病毒病的发生与传播。

187. 黄瓜病毒病如何防控？

（1）培育健壮的幼苗和植株

（2）加强管理，及时防治蚜虫

（3）喷施药剂 发病初期喷施20%吗胍·乙酸铜可湿性粉剂500倍液、1.5%烷醇·硫酸铜乳剂1000倍液、NX-83增抗剂100倍液防治。

专题六　常见的主要虫害

在黄瓜生产中常见蓟马、蚜虫、白粉虱、斑潜蝇等。

188. 蓟马如何防控？

(1) 危害症状　蓟马以成虫、若虫在未收获的寄主叶鞘内、杂草、残株间或附近的土里越冬。翌年春季，成、若虫开始活动危害。成虫活泼善飞，可借风力传播。成虫怕光，白天多在叶背或叶腋处，阴天和夜里到叶面上活动取食。5—6 月是危害盛期。孤雌生殖，整个夏季几乎全是雌虫。初孵若虫群集为害，稍大后分散。蓟马喜欢温暖和较干旱的环境条件，冬季可在温室中继续为害。黄瓜被害后，心叶不能正常展开，嫩芽、嫩叶皱缩或卷曲、组织变硬而脆，出现丛生现象，甚至干枯无顶芽，植株生长缓慢，节间缩短。幼瓜受害，果实硬化、畸形、茸毛变灰褐或黑褐色，生长缓慢，果皮粗糙有斑痕，布满"锈皮"，严重时造成落果。蓟马为害的同时还能传播病毒病。

(2) 化学防治　零星发现时，选用 0.3%苦参碱水剂 1 000 倍液、20%复方浏阳霉素乳油 1 000 倍液、2.5%多杀霉素悬浮剂 1 000～1 500 倍液、2.5%溴氰菊酯乳油 2 000～3 000 倍液、25%噻虫嗪水分散颗粒剂 3 000 倍、5%氟虫腈悬浮剂 3 000 倍液等交替防治。7～10 天喷 1 次，连喷 4～5 次，在收获前 1 周停用。喷药时注意喷心叶及叶背等处。

189. 蚜虫如何防控？

(1) 危害症状　蚜虫繁殖力强，全国各地均有发生。每年的 5—6 月和 9—10 月为两个发生的高峰期，华北地区每年可发生

10多代，长江流域1年可发生20～30代，多的可达40代。只要条件适宜，可以周年繁殖和危害。主要以卵在越冬作物上越冬，温室等保护设施内冬季也可繁殖和危害。蚜虫还可产生有翅蚜，在不同作物、不同设施间和地区间迁飞，传播快。危害后叶片产生褪绿斑点，叶片发黄，重者叶片卷缩变形枯萎，生长停顿，整株萎蔫死亡。蚜虫还可传播病毒病，另外蚜虫分泌的蜜露还会诱发煤污病，并招来蚂蚁危害等，其造成的间接危害往往大于直接危害。

(2) 化学防治 选用50%抗蚜威可湿性粉剂2 500～3 000倍液、40%吡虫啉水溶剂3 000～4 000倍液等杀虫药防治、3%啶虫脒乳油1 000～2 000倍液、2.5%联苯菊酯乳油2 000～3 000倍液等喷雾防治。

190. 白粉虱如何防控？

(1) 危害症状 白粉虱在温室条件下1年可以发生10余代，在我国北方冬季野外条件下不能存活，以各种虫态在温室内越冬并且继续危害。成虫羽化后1～3天可以交配产卵，平均产卵数为100～200粒/雌。也可以进行孤雌生殖，其后代为雄性。每年的7、8月虫口数量增长较快，8、9月危害严重，10月下旬以后气温逐渐降低，虫口数量开始减少，并且向温室内迁移危害。在北方由于周年蔬菜生产紧密衔接和相互交替，使温室白粉虱得以周年发生。危害时，白粉虱的成虫聚集在叶片的背面吸食植株的汁液，使受害叶片褪绿、变黄、萎蔫，甚至造成整株枯死。另外，白粉虱还可以传播病毒病和分泌大量蜜露，对植株造成间接为害。

(2) 化学防治 可选用25%噻嗪酮可湿性粉剂1 000～1 500倍液、2.5%的联苯菊酯乳油2 000～3 000倍液、25%噻虫嗪水分散粒剂2 000～5 000倍液、2.5%溴氰菊酯乳油1 000～2 000

倍液、2.5%氯氟氰菊酯乳油 3 000 倍液喷洒，每周 1 次，连喷 3～4次，不同药剂应交替使用，以免害虫产生抗药性。喷药要在早晨或傍晚时进行，此时白粉虱的迁飞能力较差。喷时要先喷叶正面再喷背面，使惊飞的白粉虱落到叶表面时也能触到药液而死。

191. 斑潜蝇如何防控？

(1) 危害症状　斑潜蝇在 5 月中旬至 7 月初及 9 月上、中旬至 10 月中旬有两个发生高峰期。经试验 15 ℃成虫寿命 10～14 天，卵期 13 天左右，幼虫期 9 天左右，蛹期 20 天左右；30 ℃成虫寿命 5 天，卵期 4 天，幼虫期 5 天左右，蛹期 9 天左右。幼虫老熟后咬破表皮在叶外或土表下化蛹。成虫以吸取植株叶片的汁液为害，在叶片上造成近圆形刻点状凹陷，卵产于叶片上下表皮之间的叶肉中；幼虫潜在叶内取食叶肉，仅留下表皮，形成虫道，严重时隧道斑痕密布，大大影响叶片光合作用，降低产量，更严重时造成毁苗。

(2) 化学防治　摘除有虫叶片掩埋，然后打药。打药应在被害虫道 2 厘米以下时进行。早晨或傍晚采用连环喷药法，每 7 天喷 1 次，农药轮换使用，以延缓害虫对各种农药的抗性。选用具有内吸和触杀作用的杀虫剂，如 98%杀螟丹原粉 1 000～1 500 倍液、20%氰戊菊酯乳油 1 500 倍液、2.5%氯氟氰菊酯乳油 1 000 倍液、1.8%阿维菌素乳油 2 000～2 500 倍液、40%绿菜宝乳油1 000～1 500 倍液、3.5%苦皮素乳油 1 000 倍液、蝇蛆净可湿性粉剂 500～2 000 倍液喷洒。

192. 瓜绢螟如何防控？

(1) 危害症状　瓜绢螟成虫体长 11～12 毫米，翅展 22～25 毫米，头胸部黑色，腹部背面除第 5、6 节黑褐色外，其余各节白色，胸、腹部、腹面及足均为白色，腹部末端具黄黑色相间的绒毛，前翅白色略透明，前翅前缘、外缘及后翅外缘呈黑褐色宽带；幼虫末龄幼虫体长约 26 毫米，头部、前胸背板淡褐色，胸腹部草绿色，亚背线呈两条较宽的白色纵带，化蛹前消失，气门黑色；蛹长约 15 毫米，深褐色，头部光整尖瘦，翅基伸及第 5 腹节，外被薄茧；卵椭圆形、扁平、淡黄色，表面布有网状纹。

幼龄幼虫在瓜类蔬菜叶背啃食叶肉，被害部位呈白斑，三龄后吐丝将叶或嫩梢缀合，匿居其中取食，老熟后在被害卷叶内作白色薄茧化蛹或在根际表土中化蛹。

(2) 化学防治 可用 2%天达阿维菌素乳油 2 000 倍液、2.5%溴氰菊酯乳油 1 500 倍液、5%高效氯氰菊酯乳油 1 000 倍液喷雾防治。

193. 蛞蝓如何防控?

(1) 危害症状 蛞蝓俗称鼻涕虫，是一种软体动物，外表看起来像没壳的蜗牛，体表湿润有黏液。植株的叶片、茎秆、果实均可受害，尤其喜食幼嫩部分，被害处被吃成缺刻或孔洞，严重时嫩茎、嫩枝被咬断，导致植株死亡，造成缺苗断垄。

(2) 防治措施

① 农业防治。清除杂草、枯枝、瓦砾等，清洁田园，于行间撒施生石灰、草木灰等，破坏蛞蝓栖息环境。

② 人工捕捉。蛞蝓白天躲藏在阴暗潮湿的草丛、落叶、瓦砾等下面，夜晚外出活动进行危害，通常 21:00—23:00 最为活跃，清晨之前又陆续潜入土中或隐蔽处，因此可以利用蛞蝓这一生活习性，用新鲜的菜叶集中诱捕。

③ 药剂防治。每亩用 6%密达（四聚乙醛）颗粒剂 1 千克、10%蜗牛敌（四聚乙醛）颗粒剂 2 千克、6%除蜗灵（四聚乙醛）颗粒剂 2 千克，拌细沙撒施行间以杀灭蛞蝓。

专题七　黄瓜根结线虫

194. 为什么把根结线虫单独作为一个专题?

线虫既不是昆虫，也不是微生物，而是一种低等动物，又名蠕虫，属无脊椎动物门的线形动物门的线虫纲。根结线虫是目前为害最严重的种类，属根结线虫属。其寄生在植物的根系内部，引起根瘤。

195. 根结线虫危害有哪些症状?

根结线虫主要危害作物根部。发病后根系发育不良，主根和侧根萎缩、畸形，上面形成大小不等瘤状虫瘿，地上部植株生长缓慢，严重的停止生长，最后枯死。

196. 根结线虫是怎么传播的?

根结线虫主要是通过带病的育苗基质、栽培基质、土壤、有机肥以及土壤耕翻农具和人员的鞋底等途径传播。

197. 根结线虫如何防控?

(1) 应用抗性砧木　如北农抗线，进行嫁接栽培。

(2) 合理轮作　水旱轮作，与葱蒜类轮作。

(3) 土壤消毒　定植前2～3天通过滴灌系统随水滴灌20%辣根素水乳剂5～6升/亩或噻唑膦颗粒剂2千克/亩，密闭熏蒸处理土壤，杀灭根结线虫和其他土传病菌。

(4) 灌根　用1.8%阿维菌素乳油1 500倍液、1.8%阿维菌素乳油1 000倍液灌根。

主要参考文献

安国民，徐世艳，赵化春，2004. 国外设施农业现状与发展趋势 [J]. 现代化农业（12）：34-36.

陈东，银永安，王永强，等，2018. 中国农业节水灌溉技术现状及其发展对策 [J]. 作物研究，32（4）：330-333.

高丽红，2004. 蔬菜穴盘育苗实用技术 [M]. 北京：中国农业出版社.

顾兴芳，张圣平，国艳梅，等，2004. 黄瓜苦味遗传分析 [J]. 园艺学报（5）：613-616.

郭世荣，1993. 黄瓜植株的性型分化 [J]. 生物学通报，28（10）：5-6.

郭世荣，2004. 无土栽培学 [M]. 北京：中国农业出版社.

霍国琴，王周平，郭小平，等，2013. 设施蔬菜棚室消毒方法及注意事项 [J]. 西北园艺（蔬菜）（3）：47.

蒋先明，2008. 蔬菜栽培学各论（北方本）[M]. 北京：中国农业出版社.

逄焕文，姜德福，徐娥，1992. 辽宁省节能日光温室蔬菜栽培茬口安排的探讨 [J]. 蔬菜（5）：24-26.

谭其猛，1980. 蔬菜育种 [M]. 北京：农业出版社.

王铁臣，2012. 黄瓜高效益设施栽培综合配套新技术 [M]. 北京：中国农业出版社.

王铁臣，2014. 设施黄瓜高产高效栽培技术（亩产 5 万斤生产技术大面积推广成功经验）[M]. 北京：中国农业出版社.

王铁臣，徐进，赵景文，2014. 设施黄瓜、番茄实用栽培技术集锦 [M]. 北京：中国农业出版社.

王铁臣，2017. 日光温室越冬茬黄瓜高产高效栽培技术图解 [M]. 北京：中国农业出版社.

张福墁，2005. 设施园艺学［M］. 北京：中国农业大学出版社.
郑建秋，2004. 现代蔬菜病虫鉴别与防治手册［M］. 北京：中国农业出版社.
中国农业科学院蔬菜花卉研究所，2010. 中国蔬菜栽培学［M］. 北京：中国农业出版社.

附录　黄瓜生产三字经

黄瓜者，性喜温。冬春种，要防寒。最适温，二十五。三十五，则中暑。低于十，难坚持。

地温者，影响根。温不够，根不伸。十二度，才发根。二十五，最幸福。三十五，根停住。

选品种，很重要。抗逆强，品质好。用砧木，要认真。长势强，脱蜡粉。抗病害，耐低温。

育壮苗，是关键。多大好，叶四片。苗龄数，不一般。越冬茬，三十五。春提前，五十天。

有机肥，是个宝。施用前，腐熟好。亩用量，要知道。越冬茬，廿五方。春大棚，七至八。

瓦垄畦，利操作。节水灌，好处多。省水肥，不用说。提地温，促生长。降湿度，防病害。

定植水，要浇足。栽苗后，提温度。上限值，三十五。勤中耕，促根生。历一周，苗成活。

缓苗后，即蹲苗。根瓜把，已变黑。视墒情，始水肥。配方肥，随水冲。营养全，又省工。

采收期，加强管。小水浇，忌漫灌。氮磷钾，不能短。亩用量，有差异。看季节，看天气。

冬春季，两星期。冲施肥，高溶度。公斤数，八至十。夏秋季，五六天。水冲肥，清浊间。

落蔓夹，真方便。吊绳栽，落茎蔓。功能叶，十五片。畸形瓜，疏掉它。保安全，不沾花。

防虫网，害虫隔。蓝板挂，诱蓟马。黄板悬，蚜虫粘。病害多，不要怕。按规律，防治它。

温度高，湿度大。霜霉病，容易发。温度高，湿度小。白粉病，上来了。

湿度大，温度低。灰霉病，数第一。防病虫，少用药。创高产，多增效。

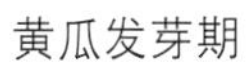

黄瓜发芽期

黄瓜幼苗期

黄瓜抽蔓期

黄瓜结瓜期

华北型黄瓜

华南型黄瓜

温汤浸种

北欧温室型黄瓜

黄瓜平盘育苗

黑籽南瓜

黄／褐籽南瓜

白籽南瓜

黄瓜嫁接苗愈合期遮阳保温保湿管理

黄瓜嫁接苗

黄瓜壮苗

喷洒利凉遮阳降温

覆盖黑色地膜

台式高畦

瓦垄畦

吊袋式二氧化碳施肥

套袋黄瓜

黄瓜原地盘蔓落秧

中耕松土

地热线育苗

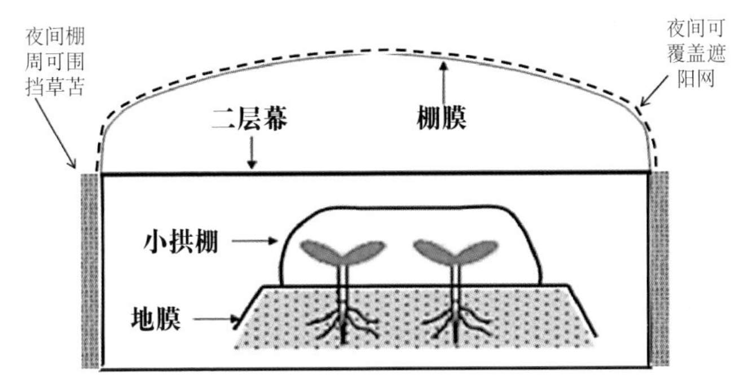

多重覆盖技术示意图

黄瓜多重覆盖技术

大棚黄瓜南北长畦栽培

热宝加温应对倒春寒

黄瓜蹲苗期管理

夏秋季黄瓜健壮幼苗培育